本書で学習する内容

本書でExcelの応用的で実用的な機能を学び、ビジネスで役に立つ本物のスキルを身に付けましょう。

関数を使いこなして計算や処理を効率よく実行しよう

第1章 関数の利用

順位を表示したり、条件に合った処理を簡単に実行したりしよう！

条件に合ったデータを抽出しよう！

視覚化したり、ルールを設定したりしてわかりやすい表を作成しよう

第2章 表の視覚化とルールの設定

東京23区人口統計

区名	面積 (km²)	2018年 (平成30年)				2023年 (令和5年)				2018年→2023年		
		男性	女性	総数	人口密度	男性	女性	総数	人口密度	総数増減		人口密度増減
千代田区	11.7	30,697	30,572	61,269	5,255	34,009	33,902	67,911	5,824	▬ 6,642	●	570
中央区	10.2	74,636	82,187	156,823	15,360	82,760	91,314	174,074	17,049	▲ 17,251	●	1,690
港区	20.4	119,273	134,366	253,639	12,452	123,068	138,547	261,615	12,843	▬ 7,976	●	392
新宿区	18.2	171,900	170,397	342,297	18,787	173,881	172,398	346,279	19,005	▬ 3,982	●	219
文京区	11.3	103,433	113,986	217,419	19,258	109,221	120,432	229,653	20,341	▲ 12,234	●	1,084
台東区	10.1	100,374	95,760	196,134	19,400	105,761	101,718	207,479	20,522	▲ 11,345	●	1,122
墨田区	13.8	133,455	135,443	268,898	19,528	138,030	141,955	279,985	20,333	▲ 11,087	●	805
江東区	43.0	253,839	259,358	513,197	11,938	261,969	270,913	532,882	12,395	▲ 19,685	●	458
品川区	22.8	190,122	197,500	387,622	16,971	197,659	206,537	404,196	17,697	▲ 16,574	●	726
目黒区	14.7	130,927	145,857	276,784	18,867	131,372	147,263	278,635	18,994	▬ 1,851	●	126
大田区	61.9	360,500	362,841	723,341	11,693	361,782	366,643	**728,425**	11,775	▬ 5,084	●	82
世田谷区	58.1	427,184	472,923	900,107	15,506	433,385	482,054	**915,439**	15,770	▲ 15,332	●	264
渋谷区	15.1	107,892	116,788	224,680	14,870	109,921	119,491	229,412	15,183	▬ 4,732	●	313
中野区	15.6	165,938	162,745	328,683	21,083	168,181	165,412	333,593	21,398	▬ 4,910	●	315
杉並区	34.1	270,862	293,627	564,489	16,573	274,060	296,726	570,786	16,758	▬ 6,297	●	185
豊島区	13.0	144,713	142,398	287,111	22,068	144,719	143,985	288,704	22,191	▼ 1,593	●	122
北区	20.6	173,117	174,913	348,030	16,886	175,784	177,948	353,732	17,163	▬ 5,702	●	277
荒川区	10.2	106,884	107,760	214,644	21,126	107,662	109,152	216,814	21,340	▬ 2,170	●	214
板橋区	32.2	276,872	284,841	561,713	17,434	278,023	290,218	568,241	17,636	▬ 6,528	●	203
練馬区	48.1	355,157	373,322	728,479	15,151	357,649	381,265	**738,914**	15,368	▬ 10,435	●	217
足立区	53.3	343,808	341,639	685,447	12,872	345,515	344,599	**690,114**	12,960	▬ 4,667	●	88
葛飾区	34.8	230,393	230,030	460,423	13,231	231,362	232,813	464,175	13,338	▬ 3,752	●	108
江戸川区	49.9	350,905	344,461	695,366	13,935	346,393	341,760	**688,153**	13,791	▼ -7,213	●	-145

書式やルールを設定すると伝わりやすい表に大変身！

メモを追加したり、表示形式を設定したりして入力しやすくしよう！

グラフ作成をマスターしよう

第3章 グラフの活用

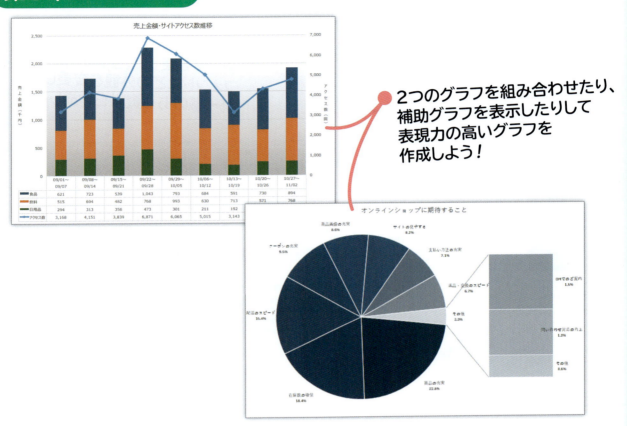

2つのグラフを組み合わせたり、補助グラフを表示したりして表現力の高いグラフを作成しよう！

スパークラインを使うとセル内にグラフを作成できる！

グラフィック機能を使ってみよう

第4章 グラフィックの利用

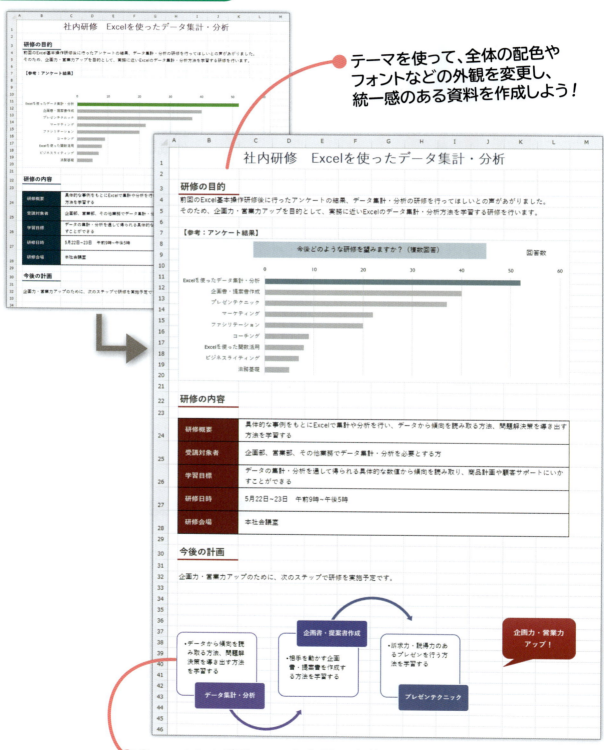

テーマを使って、全体の配色やフォントなどの外観を変更し、統一感のある資料を作成しよう！

SmartArtグラフィックや図形を使って、訴求力アップ！

効率よくデータを管理し、分析してみよう

第5章 ピボットテーブルとピボットグラフの作成

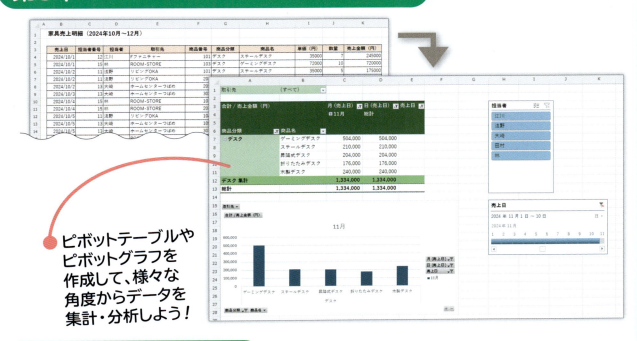

ピボットテーブルやピボットグラフを作成して、様々な角度からデータを集計・分析しよう！

第6章 データベースの活用

テキストファイルをテーブルとしてインポートすれば、使い慣れたExcelで分析できる！

グループごとにデータをまとめて集計しよう！

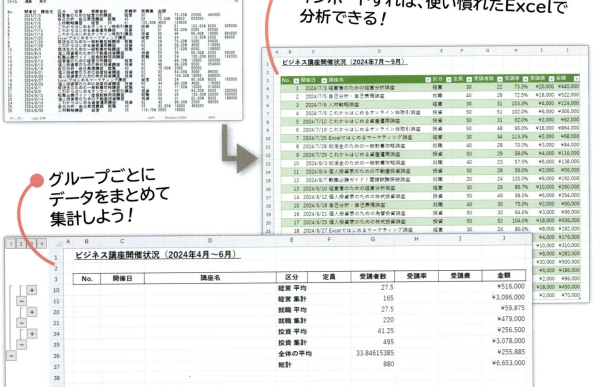

マクロで操作を自動化しよう

第7章 マクロの作成

マクロを登録した
ボタンをクリックすると、
複雑な集計も
簡単に実行できる！

Excelの便利で役立つ機能を使ってみよう

第8章 ブックの検査と保護

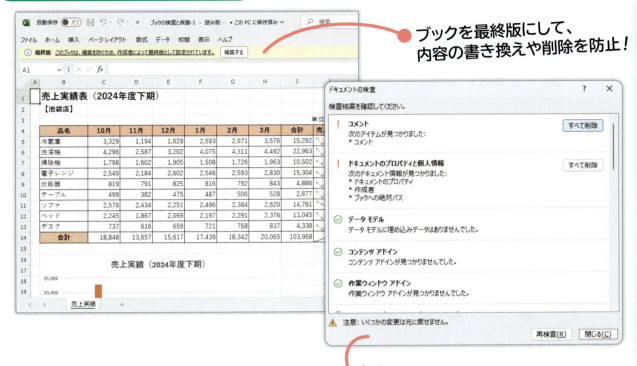

ブックを最終版にして、内容の書き換えや削除を防止！

ドキュメント検査で、個人情報や隠しデータがないかチェックしよう！

第9章 便利な機能

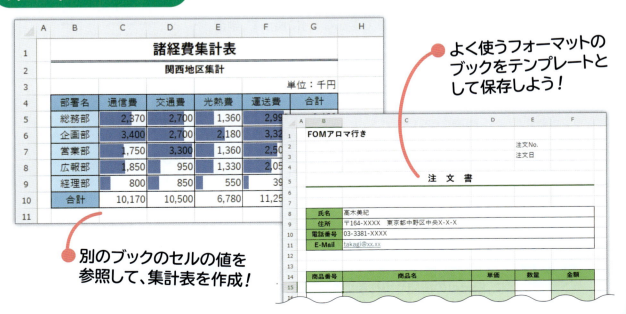

別のブックのセルの値を参照して、集計表を作成！

よく使うフォーマットのブックをテンプレートとして保存しよう！

本書を使った学習の進め方

本書の各章は、次のような流れで学習を進めると、効果的な構成になっています。

1 学習目標を確認

学習をはじめる前に、「**この章で学ぶこと**」で学習目標を確認しましょう。
学習目標を明確にすると、習得すべきポイントが整理できます。

2 章の学習

学習目標を意識しながら、機能や操作を学習しましょう。

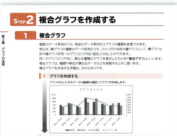

3 練習問題にチャレンジ

章の学習が終わったら、章末の「**練習問題**」にチャレンジしましょう。
章の内容がどれくらい理解できているかを確認できます。

4 学習成果をチェック

章のはじめの「**この章で学ぶこと**」に戻って、学習目標を達成できたかどうかをチェックしましょう。
十分に習得できなかった内容については、該当ページを参照して復習しましょう。

5 総合問題にチャレンジ

すべての章の学習が終わったら、「**総合問題**」にチャレンジしましょう。
本書の内容がどれくらい理解できているかを確認できます。

6 実践問題で力試し

「**実践問題**」は、ビジネスシーンにおける上司や先輩からの指示・アドバイスをもとに、Excelの機能や操作手順を自ら考えて解く問題です。本書の学習の仕上げに実践問題にチャレンジして、Excelがどれくらい使いこなせるようになったかを確認しましょう。

はじめに

多くの書籍の中から、「Excel 2024応用 Office 2024／Microsoft 365対応」を手に取っていただき、ありがとうございます。

本書は、Excelを使いこなしたい方、さらにスキルアップを目指したい方を対象に、条件判断や日付の計算などの関数の使い方や、表の視覚化、グラフィック機能を使った資料作成など、Excelを使いこなすための様々な機能を丁寧に解説しています。そのほかにも、ピボットテーブル・ピボットグラフの作成、マクロを使った自動化、スピルを使った関数についても解説しています。また、各章末の練習問題、総合問題、そして実務を想定した実践問題の3種類の練習問題を用意しています。これらの多様な問題を通して学習内容を復習することで、Excelの操作方法を確実にマスターできます。

巻末には、作業の効率化に役立つ「ショートカットキー一覧」を収録しています。

本書は、根強い人気の「よくわかる」シリーズの開発チームが、積み重ねてきたノウハウをもとに作成しており、講習会や授業の教材としてご利用いただくほか、自己学習の教材としても最適です。

本書を学習することで、Excelの知識を深め、実務にいかしていただければ幸いです。

なお、表の作成や数式の入力、印刷、グラフの作成、データベースの利用などの基本操作については、「よくわかる Microsoft Excel 2024基礎 Office 2024／Microsoft 365対応」(FPT2414) をご利用ください。

本書を購入される前に必ずご一読ください
本書に記載されている操作方法は、2025年1月時点の次の環境で動作確認しております。
・Windows 11（バージョン24H2　ビルド26100.2894）
・Excel 2024（バージョン2411　ビルド16.0.18227.20082）
本書発行後のWindowsやOfficeのアップデートによって機能が更新された場合には、本書の記載のとおりに操作できなくなる可能性があります。あらかじめご了承のうえ、ご購入・ご利用ください。

2025年3月24日
FOM出版

◆Microsoft、Excel、Microsoft 365、OneDrive、Windowsは、マイクロソフトグループの企業の商標です。
◆QRコードは、株式会社デンソーウェーブの登録商標です。
◆その他、記載されている会社および製品などの名称は、各社の登録商標または商標です。
◆本文中では、TMや®は省略しています。
◆本文中のスクリーンショットは、マイクロソフトの許諾を得て使用しています。
◆本文およびデータファイルで題材として使用している個人名、団体名、商品名、ロゴ、連絡先、メールアドレス、場所、出来事などは、すべて架空のものです。実在するものとは一切関係ありません。
◆本書に掲載されているホームページやサービスは、2025年1月時点のもので、予告なく変更される可能性があります。

目次

■ 本書をご利用いただく前に……………………………………………………………1

■ 第1章　関数の利用 ……………………………………………………………9

　この章で学ぶこと ………………………………………………………………10
　STEP1　作成するブックを確認する ……………………………………………11
　　●1　作成するブックの確認 …………………………………………………11
　STEP2　関数の概要 ………………………………………………………………13
　　●1　関数 ………………………………………………………………………13
　　●2　関数の入力方法 …………………………………………………………13
　STEP3　数値の四捨五入・切り捨て・切り上げを行う ………………………14
　　●1　ROUND関数 ………………………………………………………………14
　　●2　ROUNDDOWN関数・ROUNDUP関数 ……………………………………15
　STEP4　順位を求める ……………………………………………………………17
　　●1　RANK.EQ関数 ……………………………………………………………17
　STEP5　条件で判断する …………………………………………………………21
　　●1　IF関数 ……………………………………………………………………21
　　●2　IFS関数 …………………………………………………………………25
　STEP6　条件に一致する値の計算を行う ………………………………………28
　　●1　COUNTIF関数 ……………………………………………………………28
　　●2　AVERAGEIF関数 …………………………………………………………30
　STEP7　日付を計算する …………………………………………………………35
　　●1　TODAY関数 ………………………………………………………………35
　　●2　DATEDIF関数 ……………………………………………………………36
　STEP8　表から該当データを参照する …………………………………………38
　　●1　VLOOKUP関数 ……………………………………………………………38
　　●2　VLOOKUP関数とIF関数の組み合わせ …………………………………41
　　●3　XLOOKUP関数 ……………………………………………………………43
　STEP9　スピルを使って関数の結果を表示する ………………………………47
　　●1　スピル ……………………………………………………………………47
　　●2　スピルを使った関数の結果の表示 ……………………………………47
　　●3　SORT関数 …………………………………………………………………50
　　●4　FILTER関数 ………………………………………………………………53
　練習問題 …………………………………………………………………………55

i

■第2章　表の視覚化とルールの設定 ･･････････････････････････････ 57

この章で学ぶこと ･･･ 58

STEP1　作成するブックを確認する ･･････････････････････････ 59
　　●1　作成するブックの確認 ････････････････････････････ 59

STEP2　条件付き書式を設定する ･･････････････････････････ 60
　　●1　条件付き書式 ･･･････････････････････････････････ 60
　　●2　セルの強調表示ルールの設定 ･･･････････････････ 61
　　●3　ルールの管理 ･･･････････････････････････････････ 64
　　●4　上位/下位ルールの設定 ･･･････････････････････ 66
　　●5　アイコンセットの設定 ･･･････････････････････････ 68

STEP3　ユーザー定義の表示形式を設定する ･･･････････････ 70
　　●1　表示形式 ･････････････････････････････････････ 70
　　●2　ユーザー定義の表示形式 ･････････････････････ 71

STEP4　入力規則を設定する ･････････････････････････････ 75
　　●1　入力規則 ･････････････････････････････････････ 75
　　●2　日本語入力システムの切り替え ･･･････････････ 76
　　●3　リストから選択 ･･･････････････････････････････ 78
　　●4　エラーメッセージの表示 ･･･････････････････････ 79

STEP5　メモやコメントを挿入する ･･･････････････････････ 81
　　●1　メモとコメント ･･･････････････････････････････ 81
　　●2　メモの挿入 ･･････････････････････････････････ 82

練習問題 ･･･ 84

■第3章　グラフの活用 ･･･ 85

この章で学ぶこと ･･･ 86

STEP1　作成するブックを確認する ･･････････････････････････ 87
　　●1　作成するブックの確認 ････････････････････････････ 87

STEP2　複合グラフを作成する ･･････････････････････････････ 88
　　●1　複合グラフ ･･･････････････････････････････････ 88
　　●2　複合グラフの作成 ･･････････････････････････････ 89
　　●3　もとになるセル範囲の変更 ･････････････････････ 92
　　●4　グラフ要素の表示 ･･････････････････････････････ 94
　　●5　データ系列の順番の変更 ･･･････････････････････ 95
　　●6　グラフ要素の書式設定 ･･･････････････････････････ 98

ii

STEP3	補助縦棒付き円グラフを作成する	104
●1	補助グラフ付き円グラフ	104
●2	補助縦棒付き円グラフの作成	106
●3	グラフ要素の表示	109
●4	グラフ要素の書式設定	110

STEP4	スパークラインを作成する	113
●1	スパークライン	113
●2	スパークラインの作成	114
●3	スパークラインの軸の最大値と最小値の設定	115
●4	スパークラインの強調	116
●5	スパークラインスタイルの適用	117

練習問題 ………………………………………………… 118

■第4章　グラフィックの利用 ………………………………… 119

この章で学ぶこと ………………………………………………… 120

STEP1	作成するブックを確認する	121
●1	作成するブックの確認	121

STEP2	テーマを適用する	122
●1	テーマ	122
●2	テーマの適用	122

STEP3	SmartArtグラフィックを作成する	124
●1	SmartArtグラフィック	124
●2	SmartArtグラフィックの作成	124
●3	SmartArtグラフィックの移動とサイズ変更	126
●4	箇条書きの入力	127
●5	SmartArtグラフィックの色の設定	131
●6	SmartArtグラフィックの書式設定	132

STEP4	図形を作成する	134
●1	図形	134
●2	図形の作成	134
●3	図形のスタイルの適用	136
●4	図形への文字列の追加	137
●5	図形の移動とサイズ変更	138
●6	図形の書式設定	139

STEP5　テキストボックスを作成する ……………………………………… 141
　　　●1　テキストボックス …………………………………………………… 141
　　　●2　テキストボックスの作成 …………………………………………… 141
　　　●3　セルの参照 ………………………………………………………… 143
　　　●4　テキストボックスの書式設定 ……………………………………… 144

練習問題 ………………………………………………………………………… 147

■第5章　ピボットテーブルとピボットグラフの作成 ……………………… 149

この章で学ぶこと ……………………………………………………………… 150

STEP1　作成するブックを確認する …………………………………………… 151
　　　●1　作成するブックの確認 …………………………………………… 151

STEP2　ピボットテーブルを作成する ………………………………………… 152
　　　●1　ピボットテーブル ………………………………………………… 152
　　　●2　ピボットテーブルの構成要素 ……………………………………… 153
　　　●3　ピボットテーブルの作成 …………………………………………… 153
　　　●4　フィールドの詳細表示 ……………………………………………… 156
　　　●5　表示形式の設定 …………………………………………………… 157
　　　●6　データの更新 ……………………………………………………… 159

STEP3　ピボットテーブルを編集する ………………………………………… 160
　　　●1　レポートフィルターの追加 ………………………………………… 160
　　　●2　フィールドの変更 …………………………………………………… 161
　　　●3　集計方法の変更 …………………………………………………… 163
　　　●4　ピボットテーブルスタイルの適用 ………………………………… 165
　　　●5　ピボットテーブルのレイアウトの設定 …………………………… 166
　　　●6　詳細データの表示 ………………………………………………… 167
　　　●7　レポートフィルターページの表示 ………………………………… 168

STEP4　ピボットグラフを作成する …………………………………………… 170
　　　●1　ピボットグラフ ……………………………………………………… 170
　　　●2　ピボットグラフの構成要素 ………………………………………… 170
　　　●3　ピボットグラフの作成 ……………………………………………… 171
　　　●4　フィールドの変更 …………………………………………………… 172
　　　●5　データの絞り込み ………………………………………………… 173
　　　●6　スライサーの利用 ………………………………………………… 174
　　　●7　タイムラインの利用 ……………………………………………… 176

練習問題 ………………………………………………………………………… 178

iv

■第6章　データベースの活用 ………………………………………………… 179

| この章で学ぶこと ………………………………………………………………… 180 |
| STEP1 操作するデータベースを確認する ………………………………… 181 |
| ●1 操作するデータベースの確認 ……………………………………… 181 |
| STEP2 データを集計する ……………………………………………………… 182 |
| ●1 集計 …………………………………………………………………… 182 |
| ●2 集計の実行 …………………………………………………………… 183 |
| ●3 アウトラインの操作 ………………………………………………… 188 |
| STEP3 データをインポートする …………………………………………… 190 |
| ●1 インポート …………………………………………………………… 190 |
| ●2 テキストファイルのインポート ………………………………… 190 |
| ●3 テーブルの並べ替え ………………………………………………… 192 |
| 練習問題 …………………………………………………………………………… 194 |

■第7章　マクロの作成 …………………………………………………………… 195

| この章で学ぶこと ………………………………………………………………… 196 |
| STEP1 作成するマクロを確認する ………………………………………… 197 |
| ●1 作成するマクロの確認 ……………………………………………… 197 |
| STEP2 マクロの概要 …………………………………………………………… 198 |
| ●1 マクロ ………………………………………………………………… 198 |
| ●2 マクロの作成手順 …………………………………………………… 198 |
| STEP3 マクロを作成する ……………………………………………………… 199 |
| ●1 記録の準備 …………………………………………………………… 199 |
| ●2 記録するマクロの確認 ……………………………………………… 200 |
| ●3 マクロ「担当者別集計」の作成 …………………………………… 200 |
| ●4 マクロ「集計リセット」の作成 …………………………………… 204 |
| STEP4 マクロを実行する ……………………………………………………… 206 |
| ●1 マクロの実行 ………………………………………………………… 206 |
| ●2 ボタンを作成して実行 ……………………………………………… 207 |
| STEP5 マクロ有効ブックとして保存する ……………………………… 209 |
| ●1 マクロ有効ブックとして保存 …………………………………… 209 |
| ●2 マクロを含むブックを開く ……………………………………… 210 |
| 練習問題 …………………………………………………………………………… 212 |

■第8章　ブックの検査と保護 ‥‥‥‥‥‥‥‥‥‥‥‥‥‥‥‥‥‥‥‥‥ **213**

この章で学ぶこと ‥‥‥‥‥‥‥‥‥‥‥‥‥‥‥‥‥‥‥‥‥‥‥‥‥‥‥	**214**
STEP1　作成するブックを確認する ‥‥‥‥‥‥‥‥‥‥‥‥‥‥‥‥‥	**215**
●1　作成するブックの確認 ‥‥‥‥‥‥‥‥‥‥‥‥‥	215
STEP2　ブックのプロパティを設定する ‥‥‥‥‥‥‥‥‥‥‥‥‥‥‥	**216**
●1　ブックのプロパティの設定 ‥‥‥‥‥‥‥‥‥‥	216
STEP3　ブックの問題点をチェックする ‥‥‥‥‥‥‥‥‥‥‥‥‥‥‥	**217**
●1　ドキュメント検査 ‥‥‥‥‥‥‥‥‥‥‥‥‥‥‥	217
●2　アクセシビリティチェック ‥‥‥‥‥‥‥‥‥‥	219
STEP4　ブックを最終版にする ‥‥‥‥‥‥‥‥‥‥‥‥‥‥‥‥‥‥‥	**224**
●1　最終版として保存 ‥‥‥‥‥‥‥‥‥‥‥‥‥‥‥	224
STEP5　ブックにパスワードを設定する ‥‥‥‥‥‥‥‥‥‥‥‥‥‥‥	**225**
●1　パスワードを使用して暗号化 ‥‥‥‥‥‥‥‥‥	225
STEP6　シートを保護する ‥‥‥‥‥‥‥‥‥‥‥‥‥‥‥‥‥‥‥‥‥	**227**
●1　シートの保護 ‥‥‥‥‥‥‥‥‥‥‥‥‥‥‥‥‥	227
練習問題 ‥‥‥‥‥‥‥‥‥‥‥‥‥‥‥‥‥‥‥‥‥‥‥‥‥‥‥‥‥‥‥	**230**

■第9章　便利な機能 ‥‥‥‥‥‥‥‥‥‥‥‥‥‥‥‥‥‥‥‥‥‥‥‥‥ **231**

この章で学ぶこと ‥‥‥‥‥‥‥‥‥‥‥‥‥‥‥‥‥‥‥‥‥‥‥‥‥‥‥	**232**
STEP1　ブック間で集計する ‥‥‥‥‥‥‥‥‥‥‥‥‥‥‥‥‥‥‥‥‥	**233**
●1　複数のブックを開く ‥‥‥‥‥‥‥‥‥‥‥‥‥‥	233
●2　異なるブックのセル参照 ‥‥‥‥‥‥‥‥‥‥‥	236
STEP2　クイック分析を利用する ‥‥‥‥‥‥‥‥‥‥‥‥‥‥‥‥‥‥‥	**239**
●1　クイック分析 ‥‥‥‥‥‥‥‥‥‥‥‥‥‥‥‥‥	239
●2　クイック分析の利用 ‥‥‥‥‥‥‥‥‥‥‥‥‥	240
STEP3　テンプレートとして保存する ‥‥‥‥‥‥‥‥‥‥‥‥‥‥‥‥‥	**243**
●1　テンプレートとして保存 ‥‥‥‥‥‥‥‥‥‥‥	243
練習問題 ‥‥‥‥‥‥‥‥‥‥‥‥‥‥‥‥‥‥‥‥‥‥‥‥‥‥‥‥‥‥‥	**246**

vi

■ 総合問題 ・・・ **247**

総合問題1 ・・ 248

総合問題2 ・・ 250

総合問題3 ・・ 252

総合問題4 ・・ 254

総合問題5 ・・ 256

総合問題6 ・・ 258

総合問題7 ・・ 260

総合問題8 ・・ 262

総合問題9 ・・ 264

総合問題10 ・・ 266

■ 実践問題 ・・・ **267**

実践問題をはじめる前に ・・・・・・・・・・・・・・・・・・・・・・・・・・・・・・・ 268

実践問題1 ・・ 269

実践問題2 ・・ 270

■ 索引 ・・ **271**

■ ショートカットキー一覧

練習問題・総合問題・実践問題の標準解答は、FOM出版のホームページで提供しています。P.5「5 学習ファイルと標準解答のご提供について」を参照してください。

本書をご利用いただく前に

本書で学習を進める前に、ご一読ください。

1 本書の記述について

操作の説明のために使用している記号には、次のような意味があります。

記述	意味	例
□	キーボード上のキーを示します。	[Ctrl] [Enter]
□+□	複数のキーを押す操作を示します。	[Ctrl]+[End] （[Ctrl]を押しながら[End]を押す）
《　》	ボタン名やダイアログボックス名、タブ名、項目名など画面の表示を示します。	《関数の挿入》をクリックします。 《セルの書式設定》ダイアログボックスが表示されます。 《挿入》タブを選択します。
「　」	重要な語句や機能名、画面の表示、入力する文字などを示します。	「関数のネスト」といいます。 「マーケティング」と入力します。

 学習の前に開くファイル

POINT 知っておくべき重要な内容

STEP UP 知っていると便利な内容

※ 補足的な内容や注意すべき内容

 学習した内容の確認問題

Answer 確認問題の答え

HINT 問題を解くためのヒント

2 製品名の記載について

本書では、次の名称を使用しています。

正式名称	本書で使用している名称
Windows 11	Windows 11 または Windows
Microsoft Excel 2024	Excel 2024 または Excel

1

3 学習環境について

本書を学習するには、次のソフトが必要です。
また、インターネットに接続できる環境で学習することを前提にしています。

> Excel 2024　または　Microsoft 365のExcel

◆本書の開発環境

本書を開発した環境は、次のとおりです。

OS	Windows 11 Pro（バージョン24H2　ビルド26100.2894）
アプリ	Microsoft Office Home and Business 2024 Excel 2024（バージョン2411　ビルド16.0.18227.20082）
ディスプレイの解像度	1280×768ピクセル
その他	・WindowsにMicrosoftアカウントでサインインし、インターネットに接続した状態 ・OneDriveと同期していない状態

※本書は、2025年1月時点のExcel 2024またはMicrosoft 365のExcelに基づいて解説しています。
　今後のアップデートによって機能が更新された場合には、本書の記載のとおりに操作できなくなる可能性があります。

POINT　OneDriveの設定

WindowsにMicrosoftアカウントでサインインすると、同期が開始され、パソコンに保存したファイルがOneDriveに自動的に保存されます。初期の設定では、デスクトップ、ドキュメント、ピクチャの3つのフォルダーがOneDriveと同期するように設定されています。
本書はOneDriveと同期していない状態で操作しています。
OneDriveと同期している場合は、一時的に同期を停止すると、本書の記載と同じ手順で学習できます。
OneDriveとの同期を一時停止および再開する方法は、次のとおりです。

一時停止

◆通知領域の《OneDrive》→《ヘルプと設定》→《同期の一時停止》→停止する時間を選択
※時間が経過すると自動的に同期が開始されます。

再開

◆通知領域の《OneDrive》→《ヘルプと設定》→《同期の再開》

4 学習時の注意事項について

お使いの環境によっては、次のような内容について本書の記載と異なる場合があります。
ご確認のうえ、学習を進めてください。

◆画面図のボタンの形状

本書に掲載している画面図は、ディスプレイの解像度を「1280×768ピクセル」、ウィンドウを最大化した環境を基準にしています。
ディスプレイの解像度やウィンドウのサイズなど、お使いの環境によっては、画面図のボタンの形状やサイズ、位置が異なる場合があります。
ボタンの操作は、ポップヒントに表示されるボタン名を参考に操作してください。

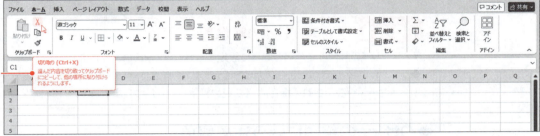

ディスプレイの解像度が高い場合／ウィンドウのサイズが大きい場合

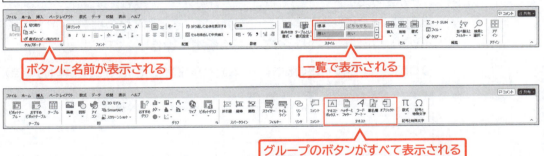

ディスプレイの解像度が低い場合／ウィンドウのサイズが小さい場合

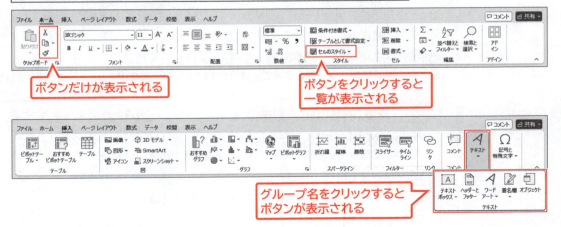

本書をご利用いただく前に

◆《ファイル》タブの《その他》コマンド

《ファイル》タブのコマンドは、画面の左側に一覧で表示されます。お使いの環境によっては、下側のコマンドが《その他》にまとめられている場合があります。目的のコマンドが表示されていない場合は、《その他》をクリックしてコマンドを表示してください。

《その他》をクリックするとコマンドが表示される

> **POINT　ディスプレイの解像度の設定**
>
> ディスプレイの解像度を本書と同様に設定する方法は、次のとおりです。
> ◆デスクトップの空き領域を右クリック→《ディスプレイ設定》→《ディスプレイの解像度》の▼→《1280×768》
> ※メッセージが表示される場合は、《変更の維持》をクリックします。

◆Officeの種類に伴う注意事項

Microsoftが提供するOfficeには「ボリュームライセンス（LTSC）版」「プレインストール版」「POSAカード版」「ダウンロード版」「Microsoft 365」などがあり、画面やコマンドが異なることがあります。

本書はダウンロード版をもとに開発しています。ほかの種類のOfficeで操作する場合は、ポップヒントに表示されるボタン名を参考に操作してください。

●Office 2024のLTSC版で《ホーム》タブを選択した状態（2025年1月時点）

※お使いの環境のOfficeの種類は、《ファイル》タブ→《アカウント》で表示される画面で確認できます。

◆アップデートに伴う注意事項

WindowsやOfficeは、アップデートによって不具合が修正され、機能が向上する仕様となっているため、アップデート後に、コマンドやスタイル、色などの名称が変更される場合があります。本書に記載されているコマンドやスタイルなどの名称が表示されない場合は、掲載している画面図の色が付いている位置を参考に操作してください。

※本書の最新情報については、P.8に記載されているFOM出版のホームページにアクセスして確認してください。

> **POINT　お使いの環境のバージョン・ビルド番号を確認する**
>
> WindowsやOfficeはアップデートにより、バージョンやビルド番号が変わります。
> お使いの環境のバージョン・ビルド番号を確認する方法は、次のとおりです。
>
> **Windows 11**
> ◆《スタート》→《設定》→《システム》→《バージョン情報》
>
> **Office 2024**
> ◆《ファイル》タブ→《アカウント》→《（アプリ名）のバージョン情報》
> ※お使いの環境によっては、《アカウント》が表示されていない場合があります。その場合は、《その他》→《アカウント》を選択します。

5 学習ファイルと標準解答のご提供について

本書で使用する学習ファイルと標準解答のPDFファイルは、FOM出版のホームページで提供しています。

ホームページアドレス

```
https://www.fom.fujitsu.com/goods/
```

※アドレスを入力するとき、間違いがないか確認してください。

ホームページ検索用キーワード

```
FOM出版
```

1 学習ファイル

学習ファイルはダウンロードしてご利用ください。

◆ダウンロード

学習ファイルをダウンロードする方法は、次のとおりです。

① ブラウザーを起動し、FOM出版のホームページを表示します。
※アドレスを直接入力するか、キーワードでホームページを検索します。
②《ダウンロード》をクリックします。
③《アプリケーション》の《Excel》をクリックします。
④《Excel 2024応用 Office 2024／Microsoft 365対応　FPT2415》をクリックします。
⑤《学習ファイル》の《学習ファイルのダウンロード》をクリックします。
⑥ 本書に関する質問に回答します。
⑦ 学習ファイルの利用に関する説明を確認し、《OK》をクリックします。
⑧《学習ファイル》の「fpt2415.zip」をクリックします。
⑨ ダウンロードが完了したら、ブラウザーを終了します。
※ダウンロードしたファイルは、《ダウンロード》に保存されます。

◆ダウンロードしたファイルの解凍

ダウンロードしたファイルは圧縮されているので、解凍（展開）します。ダウンロードしたファイル「fpt2415.zip」を《ドキュメント》に解凍する方法は、次のとおりです。

① デスクトップ画面を表示します。
② タスクバーの《エクスプローラー》をクリックします。

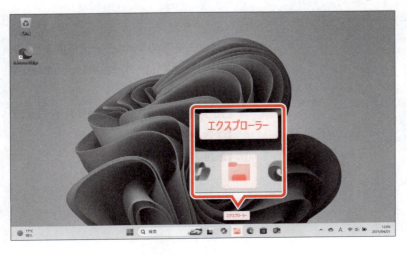

③左側の一覧から《ダウンロード》を選択します。
④ファイル「fpt2415」を右クリックします。
⑤《すべて展開》をクリックします。

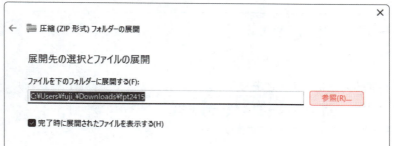

⑥《参照》をクリックします。

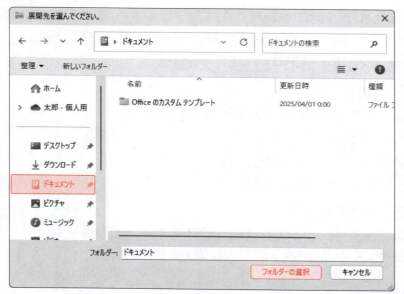

⑦左側の一覧から《ドキュメント》を選択します。
※《ドキュメント》が表示されていない場合は、スクロールして調整します。
⑧《フォルダーの選択》をクリックします。

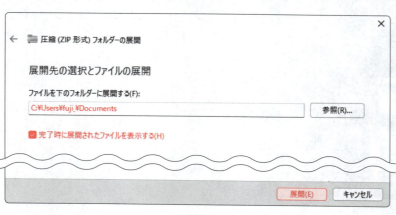

⑨《ファイルを下のフォルダーに展開する》が「C:\Users\(ユーザー名)\Documents」に変更されます。
⑩《完了時に展開されたファイルを表示する》を☑にします。
⑪《展開》をクリックします。

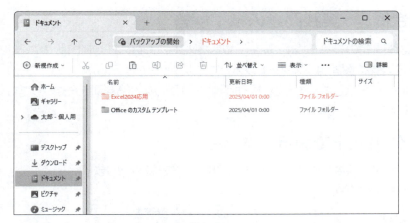

⑫ ファイルが解凍され、《ドキュメント》が開かれます。
⑬ フォルダー「Excel2024応用」が表示されていることを確認します。
※すべてのウィンドウを閉じておきましょう。

◆学習ファイルの一覧

フォルダー「Excel2024応用」には、学習ファイルが入っています。タスクバーの《エクスプローラー》→《ドキュメント》をクリックし、一覧からフォルダーを開いて確認してください。
※ご利用の前に、フォルダー内の「ご利用の前にお読みください.pdf」をご確認ください。

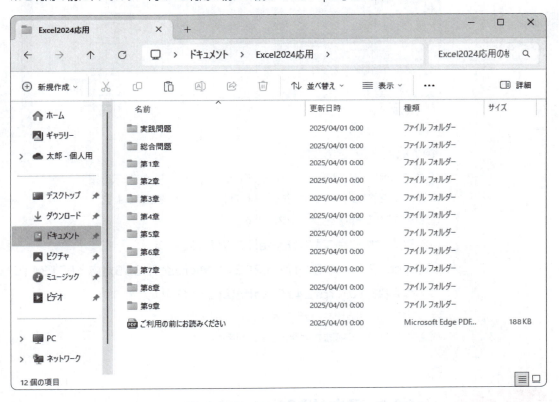

◆学習ファイルの場所

本書では、学習ファイルの場所を《ドキュメント》内のフォルダー「Excel2024応用」としています。《ドキュメント》以外の場所に解凍した場合は、フォルダーを読み替えてください。

◆学習ファイル利用時の注意事項

ダウンロードした学習ファイルを開く際、そのファイルが安全かどうかを確認するメッセージが表示される場合があります。学習ファイルは安全なので、《編集を有効にする》をクリックして、編集可能な状態にしてください。

2 練習問題・総合問題・実践問題の標準解答

練習問題・総合問題・実践問題の標準的な解答を記載したPDFファイルをFOM出版のホームページで提供しています。標準解答は、スマートフォンやタブレットで表示したり、パソコンでExcelのウィンドウを並べて表示したりすると、操作手順を確認しながら学習できます。自分にあったスタイルでご利用ください。

◆スマートフォン・タブレットで表示

①スマートフォン・タブレットで、各問題のページにあるQRコードを読み取ります。

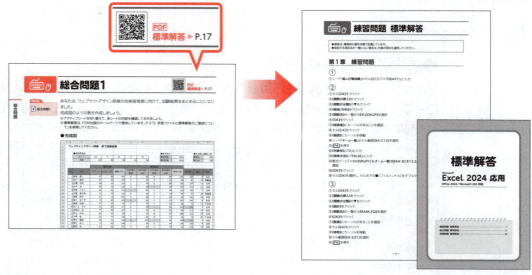

◆パソコンで表示

①ブラウザーを起動し、FOM出版のホームページを表示します。
※アドレスを直接入力するか、キーワードでホームページを検索します。

②《ダウンロード》をクリックします。

③《アプリケーション》の《Excel》をクリックします。

④《Excel 2024応用 Office 2024／Microsoft 365対応　FPT2415》をクリックします。

⑤《標準解答》の「fpt2415_kaitou.pdf」をクリックします。

⑥PDFファイルが表示されます。
※必要に応じて、印刷または保存してご利用ください。

6 本書の最新情報について

本書に関する最新のQ＆A情報や訂正情報、重要なお知らせなどについては、FOM出版のホームページでご確認ください。

ホームページアドレス

> https://www.fom.fujitsu.com/goods/

※アドレスを入力するとき、間違いがないか確認してください。

ホームページ検索用キーワード

> FOM出版

第 **1** 章

関数の利用

この章で学ぶこと	…………………………………………………	10
STEP 1 作成するブックを確認する	………………………………	11
STEP 2 関数の概要	…………………………………………………	13
STEP 3 数値の四捨五入・切り捨て・切り上げを行う	……………	14
STEP 4 順位を求める	………………………………………………	17
STEP 5 条件で判断する	……………………………………………	21
STEP 6 条件に一致する値の計算を行う	…………………………	28
STEP 7 日付を計算する	……………………………………………	35
STEP 8 表から該当データを参照する	……………………………	38
STEP 9 スピルを使って関数の結果を表示する	…………………	47
練習問題	…………………………………………………………	55

この章で学ぶこと

学習前に習得すべきポイントを理解しておき、
学習後には確実に習得できたかどうかを振り返りましょう。

第1章 関数の利用

- ■ 関数を使って、指定した桁数で数値を四捨五入できる。 → P.14
- ■ 関数を使って、指定した桁数で数値を切り捨てることができる。 → P.15
- ■ 関数を使って、指定した範囲内で順位を求めることができる。 → P.17
- ■ 関数を使って、条件がひとつの場合、それぞれに沿った処理を実行できる。 → P.21
- ■ 関数を使って、条件が複数の場合、それぞれに沿った処理を実行できる。 → P.25
- ■ 関数を使って、条件に一致したセルの個数を求めることができる。 → P.28
- ■ 関数を使って、条件に一致したセルの平均を求めることができる。 → P.30
- ■ 関数を使って、本日の日付をセルに表示できる。 → P.35
- ■ 関数を使って、2つの日付の差を求めることができる。 → P.36
- ■ 関数を使って、参照用の表から該当するデータを表示できる。 → P.38
- ■ スピルを使って、関数の結果を複数のセルに表示できる。 → P.47
- ■ 関数を使って、表を並べ替えた結果を別の場所に表示できる。 → P.50
- ■ 関数を使って、表を抽出した結果を別の場所に表示できる。 → P.53

STEP 1 作成するブックを確認する

1 作成するブックの確認

次のようなブックを作成しましょう。

第1章 関数の利用

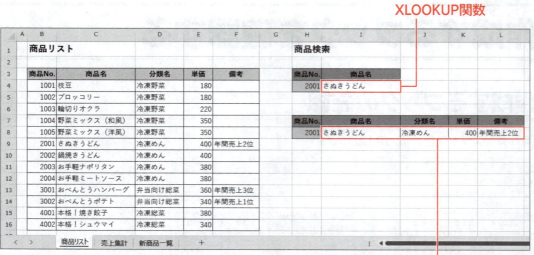

STEP 2 関数の概要

1 関数

「関数」を使うと、よく使う計算や処理を簡単に行うことができます。演算記号を使って数式を入力する代わりに、括弧内に必要な「引数(ひきすう)」を指定することによって計算を行います。

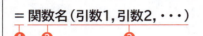

❶先頭に「＝(等号)」を入力します。
❷関数名を入力します。
※関数名は、英大文字で入力しても英小文字で入力してもかまいません。
❸引数を「( )」で囲み、各引数は「,(カンマ)」で区切ります。
※関数によって、指定する引数は異なります。

2 関数の入力方法

関数を入力する方法には、次のようなものがあります。

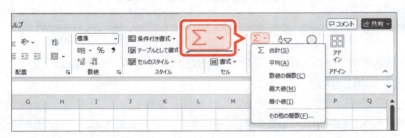

●《合計》ボタンを使う
「SUM」「AVERAGE」「COUNT」「MAX」「MIN」の各関数は、《合計》ボタンを使うと、関数名や括弧が自動的に入力され、引数も簡単に指定できます。

●《関数の挿入》ボタンを使う
数式バーの《関数の挿入》ボタンを使うと、ダイアログボックス上で関数や引数の説明を確認しながら、入力できます。
※お使いの環境によっては、[fx]と表示される場合があります。

●キーボードから直接入力する
セルに関数を直接入力できます。関数や指定する引数がわかっている場合には、直接入力すると効率的です。

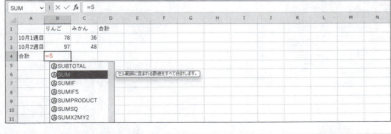

●《数式》タブから入力する
《数式》タブの《関数ライブラリ》グループの分類ボタンをクリックし、一覧から関数を選択します。

13

STEP 3 数値の四捨五入・切り捨て・切り上げを行う

1 ROUND関数

「ROUND関数」を使うと、指定した桁数で数値を四捨五入できます。

● ROUND関数

指定した桁数で数値を四捨五入します。

＝ROUND（数値, 桁数）
　　　　　　❶　　❷

❶数値
四捨五入する数値や数式、セルを指定します。

❷桁数
数値を四捨五入した結果の桁数を指定します。

例：
=ROUND(1234.567,2)→1234.57
=ROUND(1234.567,1)→1234.6
=ROUND(1234.567,0)→1235
=ROUND(1234.567,-1)→1230
=ROUND(1234.567,-2)→1200

F列の「割引金額」の数式の結果は、小数点以下の桁が表示されています。小数点以下が四捨五入されるように、数式を編集しましょう。
セル【F5】の数式を編集し、コピーします。
※P.5「5 学習ファイルと標準解答のご提供について」を参考に、使用するファイルをダウンロードしておきましょう。

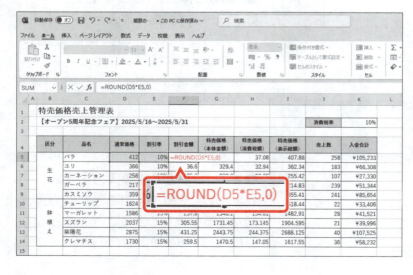

セルを編集状態にして、数式を編集します。
①セル【F5】をダブルクリックします。
②数式を「=ROUND(D5*E5,0)」に修正します。
※数式バーの数式を編集してもかまいません。
③ Enter を押します。

| F5 | | f_x =ROUND(D5*E5,0) |

特売価格売上管理表
【オープン5周年記念フェア】2025/5/16～2025/5/31　　消費税率 10%

区分	品名	通常価格	割引率	割引金額	特売価格(本体金額)	特売価格(消費税額)	特売価格(表示総額)	売上数	入金合計
生花	バラ	412	10%	41	371	37.1	408.1	258	¥105,290
	ユリ	366	10%	37	329	32.9	361.9	183	
	カーネーション	258	10%	26	232	23.2	255.2	107	¥27,306
	ガーベラ	217	10%	22	195	19.5	214.5	239	¥51,266
	カスミソウ	359	10%	36	323	32.3	355.3	241	¥85,627
鉢植え	チューリップ	1624	15%	244	1380	138	1518	22	¥33,396
	マーガレット	1586	15%	238	1348	134.8	1482.8	28	¥41,518
	スズラン	2037	15%	306	1731	173.1	1904.1	21	
	紫陽花	2875	15%	431	2444	244.4	2688.4	40	¥107,536
	クレマチス	1730	15%	260	1470	147	1617	36	¥58,212

小数点以下が四捨五入されます。
数式をコピーします。

④セル【F5】を選択し、セル右下の■（フィルハンドル）をダブルクリックします。

数式がコピーされ、F列の「割引金額」の小数点以下が四捨五入されます。

※F列の「割引金額」を参照しているセルは、自動的に再計算されます。

POINT　関数の直接入力

「=」に続けて英字を入力すると、その英字で始まる関数名が一覧で表示されます。
一覧の関数名をクリックすると、ポップヒントに関数の説明が表示されます。
一覧の関数名をダブルクリックすると、関数が入力されます。

区分	品名	通常価格	割引率	割引金額	特売価格(本体金額)	特売価格(消費税額)	特売価格(表示総額)	売上数	入金合計
生花	バラ	412	10%	=R	412	41.2	453.2	258	¥116,926
	ユリ	366	10%			32.9	361.9	183	¥66,228
	カーネーション	258	10%			23.2	255.2	107	¥27,306
	ガーベラ	217	10%			19.5	214.5	239	¥51,266
	カスミソウ	359	10%			32.3	355.3		¥85,627
鉢植え	チューリップ	1624	15%			138	1518	22	¥33,396
	マーガレット	1586	15%			134.8	1482.8	28	¥41,518
	スズラン	2037	15%			173.1	1904.1	21	¥39,986
	紫陽花	2875	15%			244.4	2688.4	40	¥107,536
	クレマチス	1730	15%			147	1617	36	¥58,212

（関数一覧）RIGHT / RIGHTB / ROMAN / ROUND（数値を指定した桁数に四捨五入した値を返します。）/ ROUNDDOWN / ROUNDUP / ROW / ROWS / RRI / RSQ / RTD / RANK

2　ROUNDDOWN関数・ROUNDUP関数

「ROUNDDOWN関数」を使うと、指定した桁数で数値を切り捨てることができます。
「ROUNDUP関数」を使うと、指定した桁数で数値を切り上げることができます。

●ROUNDDOWN関数

指定した桁数で数値の端数を切り捨てます。

$$= ROUNDDOWN（数値, 桁数）$$
❶　　　　❷

❶数値
端数を切り捨てる数値や数式、セルを指定します。

❷桁数
端数を切り捨てた結果の桁数を指定します。

例：
=ROUNDDOWN(1234.567,2)→1234.56
=ROUNDDOWN(1234.567,1)→1234.5
=ROUNDDOWN(1234.567,0)→1234
=ROUNDDOWN(1234.567,-1)→1230
=ROUNDDOWN(1234.567,-2)→1200

● ROUNDUP関数
指定した桁数で数値の端数を切り上げます。
＝ROUNDUP(数値, 桁数)
　　　　　　❶　　　❷

❶数値
端数を切り上げる数値や数式、セルを指定します。
❷桁数
端数を切り上げた結果の桁数を指定します。
例：
=ROUNDUP(1234.567,2)→1234.57
=ROUNDUP(1234.567,1)→1234.6
=ROUNDUP(1234.567,0)→1235
=ROUNDUP(1234.567,-1)→1240
=ROUNDUP(1234.567,-2)→1300

H列の「**特売価格（消費税額）**」の小数点以下が切り捨てられるように、数式を編集しましょう。
セル【H5】の数式を編集し、コピーします。

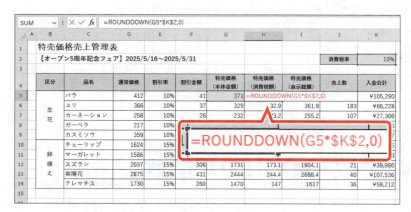

セルを編集状態にして、数式を編集します。
①セル【H5】をダブルクリックします。
②数式を「=ROUNDDOWN(G5*$K$2,0)」に修正します。
③ Enter を押します。

小数点以下が切り捨てられます。
数式をコピーします。
④セル【H5】を選択し、セル右下の■（フィルハンドル）をダブルクリックします。

数式がコピーされ、H列の「**特売価格（消費税額）**」の小数点以下が切り捨てられます。
※H列の「特売価格（消費税額）」を参照しているセルは、自動的に再計算されます。
※ブックに「関数の利用-1完成」と名前を付けて、フォルダー「第1章」に保存し、閉じておきましょう。

STEP UP 小数点以下の処理

《ホーム》タブの《数値》グループのボタンを使うと、小数点以下の表示形式を設定できますが、これらはシート上の見た目を調整するだけで、セルに格納されている数値そのものを変更するものではありません。そのため、シート上に表示されている数値とセルに格納されている数値が一致しないこともあります。
それに対して、ROUND関数、ROUNDDOWN関数、ROUNDUP関数は、数値そのものを変更します。これらの関数の計算結果としてシート上に表示されている数値とセルに格納されている数値は同じです。
数値の小数点以下を処理する場合、表示形式を設定するか関数を入力するかは、作成する表に応じて使い分けましょう。

STEP 4 順位を求める

1 RANK.EQ関数

「RANK.EQ関数」を使うと、順位を求めることができます。

●RANK.EQ関数

数値が指定の範囲内で何番目かを返します。
指定の範囲内に、重複した数値がある場合は、同じ順位として最上位の順位を返します。

＝RANK.EQ（**数値**, **参照**, **順序**）
           ❶   ❷   ❸

❶数値
順位を付ける数値やセルを指定します。

❷参照
順位を調べるセル範囲を指定します。

❸順序
「0」または「1」を指定します。「0」は省略できます。

0	降順（大きい順）に何番目かを表示します。
1	昇順（小さい順）に何番目かを表示します。

OPEN

📄 関数の利用-2

シート**「成績評価」**のF列に各人の**「順位」**を求めましょう。**「筆記」**の得点が高い順に「1」「2」「3」・・・と順位を付けます。
セル**【F5】**に1人目の**「順位」**を求め、2人目以降は、数式をコピーします。

《**関数の挿入**》ボタンを使って入力します。
①シート**「成績評価」**のセル**【F5】**をクリックします。
②《**関数の挿入**》をクリックします。

A	B		D	E	F	G	H	I	J
				1次試験			2次試験		
				筆記	順位	1次評価	面接	最終評価	
				80			A		
				95			A		
				65			B		
	53204	植田 真紀	東京	92			A		
	54121	山下 純一	大阪	100			A		
	57412	加藤 豊	大阪	75			C		
	58092	森田 俊平	東京	57			-		
	60129	藤原 浩二	東京	87			A		
	61137	大石 絵美	大阪	92			C		
	62492	小宮 裕子	東京	67			B		
	64138	宮川 実久	東京	60			-		
	65203	渡辺 真司	大阪	90			A		

成績評価 / 従業員名簿

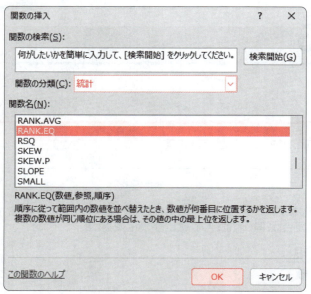

《関数の挿入》ダイアログボックスが表示されます。

③《関数の分類》の▼をクリックします。

④《統計》をクリックします。

※《関数の分類》がわからない場合は、《すべて表示》を選択します。

⑤《関数名》の一覧から《RANK.EQ》を選択します。

※《関数名》の一覧をクリックして、関数名の先頭のアルファベットのキー（RANK.EQの場合は[R]）を押すと、そのアルファベットで始まる関数名にジャンプします。

⑥《OK》をクリックします。

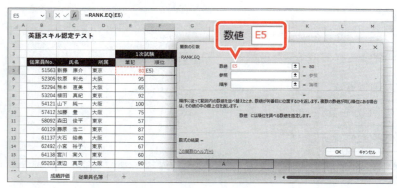

《関数の引数》ダイアログボックスが表示されます。

⑦《数値》にカーソルがあることを確認します。

⑧セル【E5】をクリックします。

※セルが隠れている場合は、ダイアログボックスのタイトルバーをドラッグして移動します。

《数値》に「E5」と表示されます。

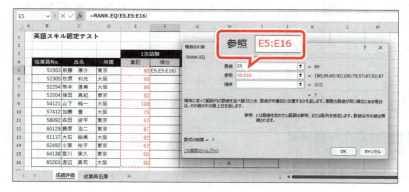

⑨《参照》にカーソルを移動します。

※カーソルを移動するには、ボックスをクリックするか、[Tab]を押します。

⑩セル範囲【E5:E16】を選択します。

※ドラッグ中は、一時的にダイアログボックスが縮小されます。

《参照》に「E5:E16」と表示されます。

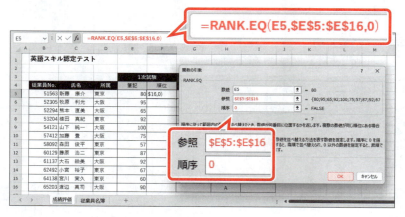

⑪[F4]を押します。

《参照》が「$E$5:$E$16」になります。

※数式を入力後にコピーするため、セル範囲がずれないように、絶対参照にします。

⑫《順序》に「0」と入力します。

※「0」は省略してもかまいません。

⑬数式バーに「=RANK.EQ(E5,$E$5:$E$16,0)」と表示されていることを確認します。

⑭《OK》をクリックします。

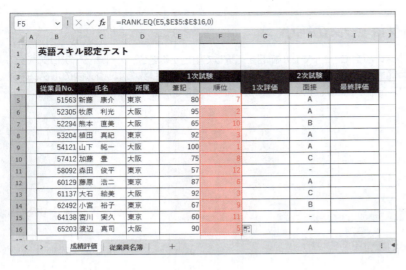

1人目の順位が表示されます。
数式をコピーします。

⑮セル【F5】を選択し、セル右下の■(フィルハンドル)をダブルクリックします。

数式がコピーされ、各人の順位が表示されます。

STEP UP　その他の方法（関数の挿入）

◆《ホーム》タブ→《編集》グループの《合計》の▼→《その他の関数》
◆《数式》タブ→《関数ライブラリ》グループの《関数の挿入》
◆ [Shift] + [F3]

POINT　絶対参照

「=RANK.EQ(E5,E5:E16,0)」のようにセル範囲を絶対参照にしないで、数式をコピーすると、図のように順位が正しく表示されません。参照するセル範囲が自動的に調整されて、1行ずつ下にずれてしまうのが原因です。参照するセル範囲は常に固定しておく必要があるので、絶対参照にします。

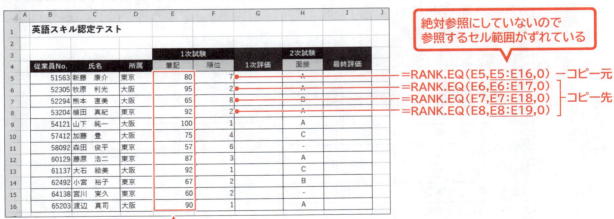

19

STEP UP ダイアログボックスの縮小

《関数の引数》ダイアログボックスの引数に、セルやセル範囲を選択して指定する場合、シートがダイアログボックスに隠れてしまい、セルやセル範囲を選択しにくい場合があります。その場合、引数のボックス内のボタンをクリックすると、ダイアログボックスを縮小したり、元のサイズに戻したりすることができるので、効率的です。

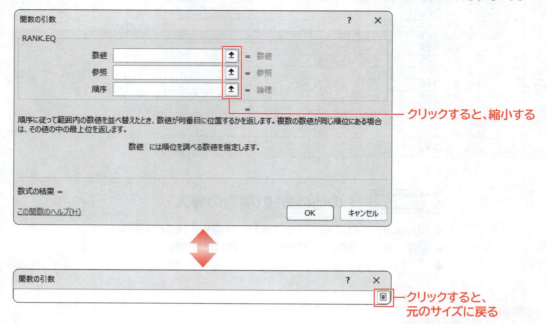

STEP UP RANK.EQ関数とRANK.AVG関数

「RANK.EQ関数」と「RANK.AVG関数」は、どちらも指定範囲内での順位を求める関数ですが、同順位の場合に次のような違いがあります。

●RANK.EQ関数の場合

=RANK.EQ(C4,$C$3:$C$8,0)

●RANK.AVG関数の場合

=RANK.AVG(C4,$C$3:$C$8,0)

STEP 5 条件で判断する

1 IF関数

「**IF関数**」を使うと、指定した条件を満たしている場合と満たしていない場合の結果を表示できます。条件には、以上、以下などの比較演算子を使った数式を指定できます。

●IF関数

論理式の結果に基づいて、論理式が真（TRUE）の場合の値、論理式が偽（FALSE）の場合の値をそれぞれ返します。

=IF(論理式, 値が真の場合, 値が偽の場合)
　　　❶　　　　❷　　　　　　❸

❶論理式
判断の基準となる条件を数式で指定します。

❷値が真の場合
論理式の結果が真（TRUE）の場合の処理を数値または数式、文字列で指定します。

❸値が偽の場合
論理式の結果が偽（FALSE）の場合の処理を数値または数式、文字列で指定します。

例：
=IF(E5=100,"○","×")
セル【E5】が「100」であれば「○」、そうでなければ「×」を返します。

※引数に文字列を指定する場合、文字列の前後に「"（ダブルクォーテーション）」を入力します。

G列に「**1次評価**」を表示する関数を入力しましょう。
次の条件に基づいて、「**合格**」または「**不合格**」の文字列を表示します。

> 「筆記」が65以上であれば「合格」、そうでなければ「不合格」

セル【G5】に1人目の「**1次評価**」を求め、コピーします。

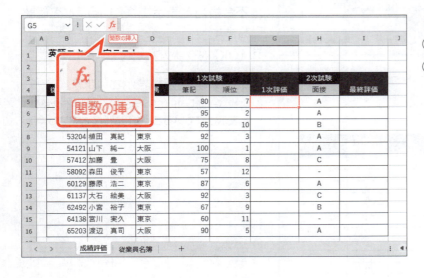

《**関数の挿入**》ボタンを使って入力します。
①セル【G5】をクリックします。
②《**関数の挿入**》をクリックします。

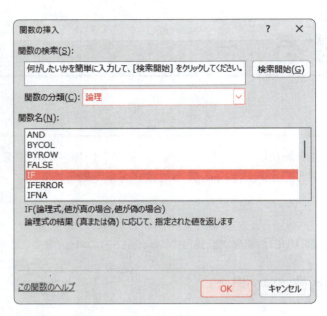

《関数の挿入》ダイアログボックスが表示されます。

③《関数の分類》の▼をクリックします。
④《論理》をクリックします。
⑤《関数名》の一覧から《IF》を選択します。
⑥《OK》をクリックします。

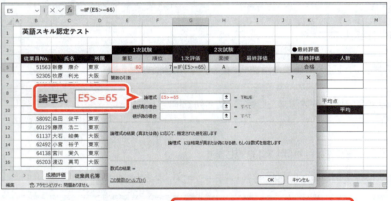

《関数の引数》ダイアログボックスが表示されます。

⑦《論理式》にカーソルがあることを確認します。
⑧セル【E5】をクリックします。
《論理式》に「E5」と表示されます。
⑨「E5」に続けて「>=65」と入力します。

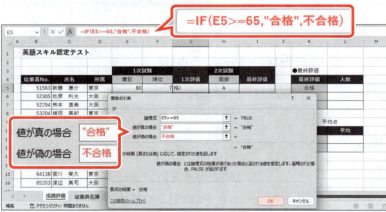

⑩《値が真の場合》に「合格」と入力します。
⑪《値が偽の場合》に「不合格」と入力します。
※《値が偽の場合》にカーソルを移動すると、《値が真の場合》に入力した「合格」が自動的に「"(ダブルクォーテーション)」で囲まれます。
⑫数式バーに「=IF(E5>=65,"合格","不合格")」と表示されていることを確認します。
⑬《OK》をクリックします。

1人目の1次評価が表示されます。
※数式バーに「=IF(E5>=65,"合格","不合格")」と表示されていることを確認しておきましょう。

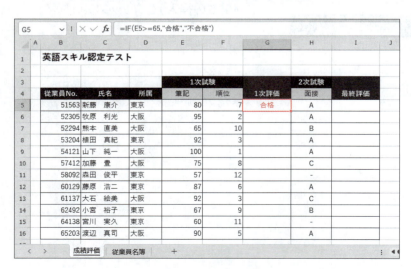

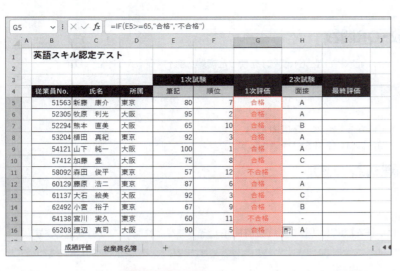

数式をコピーします。
⑭セル【G5】を選択し、セル右下の■(フィルハンドル)をダブルクリックします。
数式がコピーされ、各人の1次評価が表示されます。

POINT 比較演算子

論理式を指定するときは、次のような比較演算子を利用します。

演算子	例	意味
=	A=B	AとBが等しい
<>	A<>B	AとBが等しくない
>=	A>=B	AがB以上
<=	A<=B	AがB以下
>	A>B	AがBより大きい
<	A<B	AがBより小さい

STEP UP 引数の文字列

文字列を指定する場合は「"(ダブルクォーテーション)」で囲みます。
「"(ダブルクォーテーション)」を続けて「""」と指定すると、何も表示しないという意味になります。

例:「筆記」が65以上であれば「合格」、そうでなければ何も表示しない

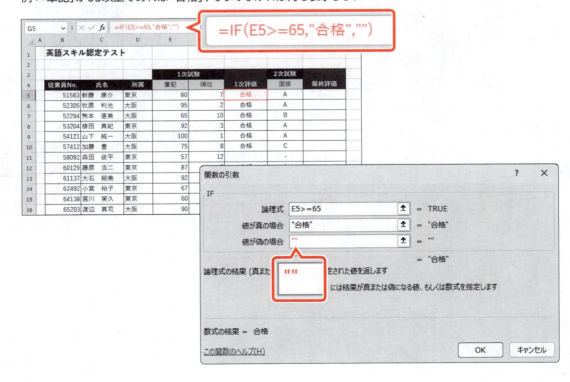

STEP UP AND関数・OR関数

IF関数の論理式を指定するとき、「AND関数」や「OR関数」を使うと複雑な条件判断が可能になります。

●AND関数

指定した複数の論理式をすべて満たす場合は、真（TRUE）を返します。
どれかひとつでも満たさない場合は、偽（FALSE）を返します。

＝AND（論理式1, 論理式2, ・・・）

例：
=AND（D4>=70,E4>=70）
セル【D4】が70以上、かつ、セル【E4】が70以上であれば「TRUE」、そうでなければ「FALSE」を返します。

●OR関数

指定した複数の論理式のうち、どれかひとつでも満たす場合は、真（TRUE）を返します。
すべて満たさない場合は、偽（FALSE）を返します。

＝OR（論理式1, 論理式2, ・・・）

例：
=OR（D4=100,E4=100）
セル【D4】が「100」、またはセル【E4】が「100」であれば「TRUE」、そうでなければ「FALSE」を返します。

社内研修成績評価

従業員No.	氏名	筆記	実技	合計	評価A	評価B
51563	新藤　康介	80	100	180	可	可
52305	牧原　利光	95	89	184	可	不可
52294	熊本　直美	65	55	120	不可	不可
53204	植田　真紀	92	72	164	可	不可
54121	山下　純一	100	98	198	可	可
57412	加藤　豊	75	46	121	不可	不可
58092	森田　俊平	57	78	135	不可	不可
60129	藤原　浩二	87	79	166	可	不可
61137	大石　絵美	92	70	162	可	不可
62492	小宮　裕子	67	71	138	不可	不可
64138	宮川　実久	60	63	123	不可	不可
65203	渡辺　真司	90	85	175	可	不可

=IF（OR（D4=100,E4=100）,"可","不可"）

セル【D4】が「100」、またはセル【E4】が「100」であれば「可」、そうでなければ「不可」と表示する

=IF（AND（D4>=70,E4>=70）,"可","不可"）

セル【D4】が70以上、かつ、セル【E4】が70以上であれば「可」、そうでなければ「不可」と表示する

2 IFS関数

「IFS関数」を使うと、複数の条件を順番に判断し、条件に応じて異なる結果を表示できます。条件には、以上、以下などの比較演算子を使った数式を指定できます。条件によって複数の処理に分岐したい場合に使います。IF関数を組み合わせなくても、式を簡潔に作成できるので便利です。

●IFS関数

複数の論理式を順番に判断し、最初に条件を満たす論理式に対応する値を返します。「論理式1」が真（TRUE）の場合は「値が真の場合1」の値を返し、偽（FALSE）の場合は「論理式2」を判断します。「論理式2」が真（TRUE）の場合は「値が真の場合2」の値を返し、偽（FALSE）の場合は「論理式3」を判断します。最後の論理式にTRUEを指定すると、すべての論理式に当てはまらなかった場合の値を返します。

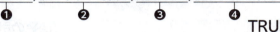

=IFS(論理式1, 値が真の場合1, 論理式2, 値が真の場合2, ・・・,
　　　❶　　　　❷　　　　　❸　　　　❹
　　　　　　　　　　　　　　　TRUE, 当てはまらなかった場合)
　　　　　　　　　　　　　　　 ❺　　　　❻

❶論理式1
判断の基準となる1つ目の条件を数式で指定します。

❷値が真の場合1
1つ目の論理式が真の場合の値を数値または数式、文字列で指定します。

❸論理式2
判断の基準となる2つ目の条件を数式で指定します。

❹値が真の場合2
2つ目の論理式が真の場合の値を数値または数式、文字列で指定します。

❺TRUE
TRUEを指定すると、すべての論理式に当てはまらなかった場合を指定できます。

❻当てはまらなかった場合
すべての論理式に当てはまらなかった場合の値を数値または数式、文字列で指定します。

例：
=IFS(E5=100,"A",E5>=70,"B",E5>=50,"C",E5>=40,"D",TRUE,"E")
セル【E5】が100であれば「A」、セル【E5】が70以上であれば「B」、セル【E5】が50以上であれば「C」、セル【E5】が40以上であれば「D」、どれにも当てはまらなければ「E」を表示します。

※引数に文字列を指定する場合、文字列の前後に「"（ダブルクォーテーション）」を入力します。

I列に「**最終評価**」を表示する関数を入力しましょう。
次の条件に基づいて、「**合格**」「**再面接**」「**不合格**」のいずれかの文字列を表示します。

「面接」がAであれば「合格」、Bであれば「再面接」、それ以外は「不合格」

セル【I5】に1人目の「**最終評価**」を求め、コピーします。

《関数の挿入》ボタンを使って入力します。
①セル【I5】をクリックします。
②《関数の挿入》をクリックします。

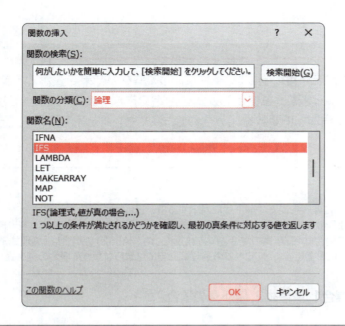

《関数の挿入》ダイアログボックスが表示されます。

③《関数の分類》の▼をクリックします。

④《論理》をクリックします。

⑤《関数名》の一覧から《IFS》を選択します。

⑥《OK》をクリックします。

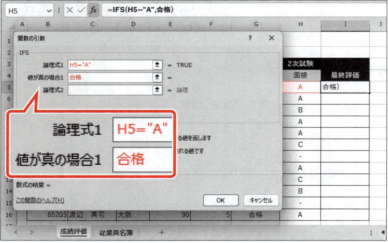

《関数の引数》ダイアログボックスが表示されます。

⑦《論理式1》にカーソルがあることを確認します。

⑧セル【H5】をクリックします。

《論理式1》に「H5」と表示されます。

⑨「H5」に続けて「="A"」と入力します。

⑩《値が真の場合1》に「合格」と入力します。

※《値が真の場合1》にカーソルを移動すると、《論理式2》が自動的に表示されます。

=IFS(H5="A","合格",H5="B","再面接",TRUE,不合格)

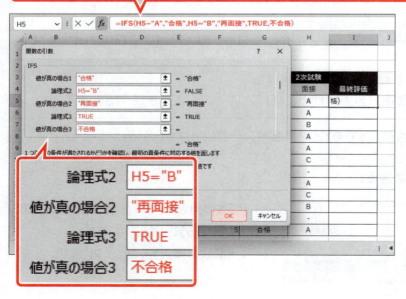

⑪《論理式2》にカーソルを移動します。

※《論理式2》にカーソルを移動すると、《値が真の場合1》に入力した「合格」が自動的に「"(ダブルクォーテーション)」で囲まれます。

⑫同様に、《論理式2》に「H5="B"」、《値が真の場合2》に「再面接」と入力します。

⑬《論理式3》に「TRUE」と入力します。

⑭《値が真の場合3》に「不合格」と入力します。

※《値が真の場合3》が表示されていない場合は、スクロールして調整します。

⑮数式バーに「=IFS(H5="A","合格",H5="B","再面接",TRUE,不合格)」と表示されていることを確認します。

⑯《OK》をクリックします。

`I5` `=IFS(H5="A","合格",H5="B","再面接",TRUE,"不合格")`

	A	B	C	D	E	F	G	H	I	J
1		英語スキル認定テスト								
2										
3					1次試験			2次試験		
4		従業員No.	氏名	所属	筆記	順位	1次評価	面接	最終評価	
5		51563	新藤 康介	東京	80	7	合格	A	合格	
6		52305	牧原 利光	大阪	95	2	合格	A	合格	
7		52294	熊本 直美	大阪	65	10	合格	B	再面接	
8		53204	植田 真紀	東京	92	3	合格	A	合格	
9		54121	山下 純一	大阪	100	1	合格	A	合格	
10		57412	加藤 豊	大阪	75	8	合格	C	不合格	
11		58092	森田 俊平	東京	57	12	不合格	-	不合格	
12		60129	藤原 浩二	東京	87	6	合格	A	合格	
13		61137	大石 絵美	大阪	92	3	合格	C	不合格	
14		62492	小宮 裕子	東京	67	9	合格	B	再面接	
15		64138	宮川 実久	東京	60	11	不合格	-	不合格	
16		65203	渡辺 真司	大阪	90	5	合格	A	合格	

1人目の最終評価が表示されます。

※数式バーに「=IFS(H5="A","合格",H5="B", "再面接",TRUE,"不合格")」と表示されていることを確認しておきましょう。

数式をコピーします。

⑰セル【I5】を選択し、セル右下の■（フィルハンドル）をダブルクリックします。

数式がコピーされ、各人の最終評価が表示されます。

STEP UP SWITCH関数

「SWITCH関数」を使うと、複数の値の中から一致する値を検索し、対応する結果を表示できます。一致する値がない場合は、指定した結果を表示します。値によって、それぞれ異なる結果を表示したい場合に使います。
SWITCH関数は、「値」と「結果」をペアとして、セル【A1】の値が「1」ならば「A」、「2」ならば「B」、…、いずれにも当てはまらなければ「該当なし」のように、原則として、ひとつの値を判定して結果を表示します。

●SWITCH関数

複数の値の中から、式で指定した値と一致する値を検索し、対応する結果を返します。
一致する値がない場合は最後の引数に指定した既定の結果を返します。

$$=SWITCH(式, 値1, 結果1, 値2, 結果2, ・・・, 既定の結果)$$
❶ ❷ ❸ ❹ ❺ ❻

❶式
検索する値を指定します。

❷値1
式と比較する1つ目の値を指定します。数値または数式、文字列を指定できます。

❸結果1
式が「値1」に一致した場合の処理を指定します。

❹値2
式と比較する2つ目の値を指定します。数値または数式、文字列を指定できます。

❺結果2
式が「値2」に一致した場合の処理を指定します。

❻既定の結果
式がすべての値に一致しなかった場合の処理を指定します。
※省略すると、エラー「#N/A」が返されます。

例:

	A	B	C	D	E	F	G	H	I
1		英語スキル認定テスト							
2									
3					1次試験			2次試験	
4		従業員No.	氏名	所属	筆記	順位	1次評価	面接	最終評価
5		51563	新藤 康介	東京	80	7	合格	A	合格
6		52305	牧原 利光	大阪	95	2	合格	A	合格
7		52294	熊本 直美	大阪	65	10	合格	B	再面接
8		53204	植田 真紀	東京	92	3	合格	A	合格
9		54121	山下 純一	大阪	100	1	合格	A	合格
10		57412	加藤 豊	大阪	75	8	合格	C	不合格
11		58092	森田 俊平	東京	57	12	不合格	-	不合格
12		60129	藤原 浩二	東京	87	6	合格	A	合格
13		61137	大石 絵美	大阪	92	3	合格	C	不合格
14		62492	小宮 裕子	東京	67	9	合格	B	再面接
15		64138	宮川 実久	東京	60	11	不合格	-	不合格
16		65203	渡辺 真司	大阪	90	5	合格	A	合格

セル【H5】が「A」であれば「合格」、「B」であれば「再面接」、それ以外は「不合格」が返される

=SWITCH(H5,"A","合格","B","再面接","不合格")

※引数に文字列を指定する場合、文字列の前後に「"（ダブルクォーテーション）」を入力します。

STEP 6 条件に一致する値の計算を行う

1 COUNTIF関数

「COUNTIF関数」を使うと、条件に一致するセルの個数を数えることができます。

●COUNTIF関数

指定したセル範囲の中から、指定した条件を満たしているセルの個数を返します。

＝COUNTIF（範囲,検索条件）
　　　　　　❶　　❷

❶範囲
検索の対象となるセル範囲を指定します。

❷検索条件
検索条件を文字列またはセル、数値、数式で指定します。「">15"」「"<>0"」のように比較演算子を使って指定することもできます。
※条件にはワイルドカード文字が使えます。

例：
＝COUNTIF(B4:B100,"処理済")
セル範囲【B4:B100】の中から「処理済」の個数を返します。

※引数に文字列を指定する場合、文字列の前後に「"(ダブルクォーテーション)」を入力します。

L列に「**合格**」「**不合格**」「**再面接**」の「**人数**」をそれぞれ求めましょう。
セル【L5】に最終評価が「**合格**」の個数を求め、コピーします。

《関数の挿入》ボタンを使って入力します。
①セル【L5】をクリックします。
②《関数の挿入》をクリックします。

《関数の挿入》ダイアログボックスが表示されます。
③《関数の分類》の▼をクリックします。
④《統計》をクリックします。
⑤《関数名》の一覧から《COUNTIF》を選択します。
⑥《OK》をクリックします。

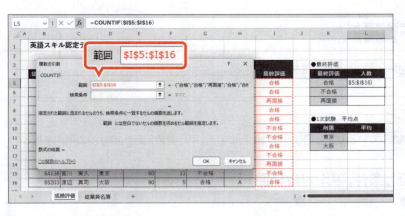

《関数の引数》ダイアログボックスが表示されます。

⑦《範囲》にカーソルがあることを確認します。

⑧セル範囲【I5:I16】を選択します。

⑨ F4 を押します。

《範囲》に「$I$5:$I$16」と表示されます。

※数式を入力後にコピーします。セル範囲は固定なので、絶対参照にします。

⑩《検索条件》にカーソルを移動します。

⑪セル【K5】をクリックします。

《検索条件》に「K5」と表示されます。

⑫数式バーに「=COUNTIF($I$5:$I$16,K5)」と表示されていることを確認します。

⑬《OK》をクリックします。

最終評価が「**合格**」の個数が表示されます。

数式をコピーします。

⑭セル【L5】を選択し、セル右下の■（フィルハンドル）をダブルクリックします。

数式がコピーされ、「**不合格**」「**再面接**」の人数が表示されます。

STEP UP　ワイルドカード文字

「ワイルドカード文字」を使って検索条件を指定すると、部分的に等しい文字列を検索できます。
指定できるワイルドカード文字は、次のとおりです。

ワイルドカード文字	検索対象	例	
？（疑問符）	任意の1文字	み？ん	「みかん」「みりん」は検索されるが、「みんかん」は検索されない。
＊（アスタリスク）	任意の数の文字	東京都＊	「東京都」のあとに何文字続いても検索される。
〜（チルダ）	ワイルドカード文字「？（疑問符）」「＊（アスタリスク）」「〜（チルダ）」	〜＊	「＊」が検索される。

※ワイルドカード文字は半角で入力します。

29

2 AVERAGEIF関数

「AVERAGEIF関数」を使うと、条件に一致するセルの平均を表示できます。

●**AVERAGEIF関数**

指定した範囲内で条件を満たしているセルと同じ行または列にある、平均対象範囲内のセルの平均を返します。

＝AVERAGEIF(範囲, 条件, 平均対象範囲)
　　　　　　❶　　❷　　❸

❶範囲
検索の対象となるセル範囲を指定します。

❷条件
条件を文字列またはセル、数値、数式で指定します。「">15"」「"<>0"」のように比較演算子を使って指定することもできます。
※条件にはワイルドカード文字が使えます。

❸平均対象範囲
平均を求めるセル範囲を指定します。
※省略できます。省略すると❶の範囲が対象になります。

例：
=AVERAGEIF(B4:B100,"○",C4:C100)
セル範囲【B4:B100】で「○」を検索し、セル範囲【C4:C100】で対応する値の平均を返します。

セル【L11】に、所属が「東京」の人の1次試験の平均を求めましょう。
関数は、セル【L12】にコピーします。

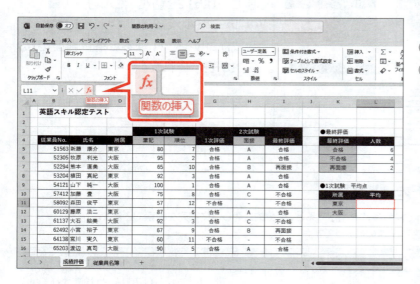

《関数の挿入》ボタンを使って入力します。
①セル【L11】をクリックします。
②《関数の挿入》をクリックします。

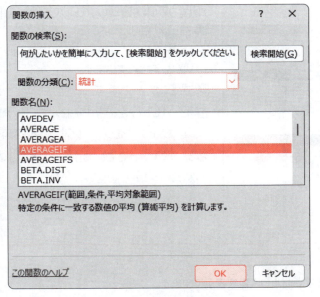

《関数の挿入》ダイアログボックスが表示されます。

③《関数の分類》の▼をクリックします。
④《統計》をクリックします。
⑤《関数名》の一覧から《AVERAGEIF》を選択します。
⑥《OK》をクリックします。

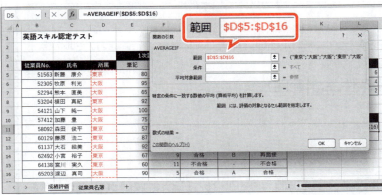

《関数の引数》ダイアログボックスが表示されます。

⑦《範囲》にカーソルがあることを確認します。
⑧セル範囲【D5:D16】を選択します。
⑨ F4 を押します。

《範囲》に「$D$5:$D$16」と表示されます。
※数式を入力後にコピーします。セル範囲は固定なので、絶対参照にします。

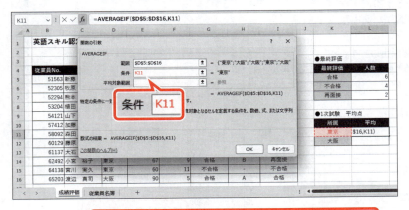

⑩《条件》にカーソルを移動します。
⑪セル【K11】をクリックします。

《条件》に「K11」と表示されます。

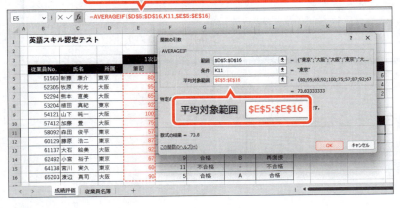

⑫《平均対象範囲》にカーソルを移動します。
⑬セル範囲【E5:E16】を選択します。
⑭ F4 を押します。

《平均対象範囲》に「$E$5:$E$16」と表示されます。
※数式を入力後にコピーします。セル範囲は固定なので、絶対参照にします。

⑮数式バーに「=AVERAGEIF($D$5:$D$16,K11,$E$5:$E$16)」と表示されていることを確認します。
⑯《OK》をクリックします。

31

所属が「東京」の人の1次試験の平均が表示されます。

※「平均」欄には、小数第1位まで表示する表示形式が設定されています。

数式をコピーします。

⑰セル【L11】を選択し、セル右下の■(フィルハンドル)をダブルクリックします。

数式がコピーされ、所属が「大阪」の人の1次試験の平均が表示されます。

POINT SUMIF関数

「SUMIF関数」を使うと、条件に一致するセルの合計を表示できます。

●SUMIF関数

指定した範囲内で検索条件を満たしているセルと同じ行または列にある、合計範囲内のセルの合計を返します。

＝SUMIF(範囲, 検索条件, 合計範囲)
　　　　　❶　　　❷　　　　❸

❶範囲
検索の対象となるセル範囲を指定します。

❷検索条件
検索条件を文字列またはセル、数値、数式で指定します。「">15"」「"<>0"」のように比較演算子を使って指定することもできます。
※条件にはワイルドカード文字が使えます。

❸合計範囲
合計を求めるセル範囲を指定します。
※省略できます。省略すると❶の範囲が対象になります。

=SUMIF(D4:D11,J3,G4:G11)

32

STEP UP 複数の条件に一致する値を計算する関数

「COUNTIF関数」「SUMIF関数」「AVERAGEIF関数」は、単一の条件に一致する場合の結果を返します。複数の条件に一致する場合の結果は、「COUNTIFS関数」「SUMIFS関数」「AVERAGEIFS関数」「MAXIFS関数」「MINIFS関数」で求めます。

	入力しているセル	数式
❶	J7	=COUNTIFS(C4:C11,J3,D4:D11,J4)
❷	J8	=SUMIFS(G4:G11,C4:C11,J3,D4:D11,J4)
❸	J9	=AVERAGEIFS(G4:G11,C4:C11,J3,D4:D11,J4)
❹	J10	=MAXIFS(G4:G11,C4:C11,J3,D4:D11,J4)
❺	J11	=MINIFS(G4:G11,C4:C11,J3,D4:D11,J4)

●COUNTIFS関数

検索条件をすべて満たすセルの個数を返します。

＝COUNTIFS(検索条件範囲1,検索条件1,検索条件範囲2,検索条件2,・・・)
　　　　　　　　❶　　　　　　　❷　　　　　　　❸　　　　　　　❹

❶検索条件範囲1
1つ目の検索条件によって検索するセル範囲を指定します。

❷検索条件1
1つ目の検索条件を文字列またはセル、数値、数式で指定します。
※条件にはワイルドカード文字が使えます。

❸検索条件範囲2
2つ目の検索条件によって検索するセル範囲を指定します。

❹検索条件2
2つ目の検索条件を指定します。

●SUMIFS関数

条件をすべて満たす場合、対応するセル範囲の値の合計を返します。

＝SUMIFS(合計対象範囲,条件範囲1,条件1,条件範囲2,条件2,・・・)
　　　　　❶　　　　　❷　　　❸　　　❹　　　❺

❶合計対象範囲
条件をすべて満たす場合に、合計するセル範囲を指定します。

❷条件範囲1
1つ目の条件によって検索するセル範囲を指定します。

❸条件1
1つ目の条件を文字列またはセル、数値、数式で指定します。
※条件にはワイルドカード文字が使えます。

❹条件範囲2
2つ目の条件によって検索するセル範囲を指定します。

❺条件2
2つ目の条件を指定します。

33

●AVERAGEIFS関数

条件をすべて満たす場合、対応するセル範囲の値の平均を返します。

＝AVERAGEIFS(平均対象範囲, 条件範囲1, 条件1, 条件範囲2, 条件2, ・・・)
　　　　　　　　❶　　　　　　❷　　　　　❸　　　　❹　　　　　❺

❶平均対象範囲
条件をすべて満たす場合に、平均を求めるセル範囲を指定します。
❷条件範囲1
1つ目の条件によって検索するセル範囲を指定します。
❸条件1
1つ目の条件を文字列またはセル、数値、数式で指定します。
※条件にはワイルドカード文字が使えます。
❹条件範囲2
2つ目の条件によって検索するセル範囲を指定します。
❺条件2
2つ目の条件を指定します。

●MAXIFS関数

条件をすべて満たす場合、対応するセル範囲の値の最大値を返します。

＝MAXIFS(最大範囲, 条件範囲1, 条件1, 条件範囲2, 条件2, ・・・)
　　　　　　❶　　　　　❷　　　　　❸　　　　❹　　　　　❺

❶最大範囲
条件をすべて満たす場合に、最大値を求めるセル範囲を指定します。
❷条件範囲1
1つ目の条件によって検索するセル範囲を指定します。
❸条件1
1つ目の条件を文字列またはセル、数値、数式で指定します。
※条件にはワイルドカード文字が使えます。
❹条件範囲2
2つ目の条件によって検索するセル範囲を指定します。
❺条件2
2つ目の条件を指定します。

●MINIFS関数

条件をすべて満たす場合、対応するセル範囲の値の最小値を返します。

＝MINIFS(最小範囲, 条件範囲1, 条件1, 条件範囲2, 条件2, ・・・)
　　　　　　❶　　　　　❷　　　　　❸　　　　❹　　　　　❺

❶最小範囲
条件をすべて満たす場合に、最小値を求めるセル範囲を指定します。
❷条件範囲1
1つ目の条件によって検索するセル範囲を指定します。
❸条件1
1つ目の条件を文字列またはセル、数値、数式で指定します。
※条件にはワイルドカード文字が使えます。
❹条件範囲2
2つ目の条件によって検索するセル範囲を指定します。
❺条件2
2つ目の条件を指定します。

STEP 7 日付を計算する

1 TODAY関数

「TODAY関数」を使うと、パソコンの本日の日付を表示できます。TODAY関数を入力したセルは、ブックを開くたびに本日の日付が自動的に表示されます。
ブックの作成日を自動的に更新したり、本日の日付をもとに計算したりする場合などに利用します。

●TODAY関数

本日の日付を返します。

$$= TODAY( )$$

※引数は指定しません。

シート「**従業員名簿**」のセル【**F1**】に本日の日付を表示しましょう。
※本書では、本日の日付を「2025年4月1日」にしています。

従業員No.	氏名	部署No.	部署名	入社年月日	勤続年数
49142	宮田 大輔				
50391	山下 唯				
51424	岸田 伸介				
53117	石原 美佳			2008/4/1	
54351	前原 俊光			2009/4/1	
55447	有田 早穂			2010/10/1	
57073	藤原 優佳			2012/4/1	
58196	木下 健次郎			2015/4/1	
60263	斉藤 博貴			2017/4/1	
61489	武本 有紀			2020/10/1	
64257	元原 美鈴			2021/4/1	

キーボードから関数を直接入力します。
① シート「**従業員名簿**」のセル【**F1**】をクリックします。
② 「**=TODAY( )**」と入力します。
③ **Enter** を押します。

本日の日付が表示されます。

従業員No.	氏名	部署No.	部署名	入社年月日	勤続年数
49142	宮田 大輔			2004/4/1	
50391	山下 唯			2005/4/1	
51424	岸田 伸介			2006/4/1	
53117	石原 美佳			2008/4/1	
54351	前原 俊光			2009/4/1	
55447	有田 早穂			2010/10/1	
57073	藤原 優佳			2012/4/1	
58196	木下 健次郎			2015/4/1	
60263	斉藤 博貴			2017/4/1	
61489	武本 有紀			2020/10/1	
64257	元原 美鈴			2021/4/1	

2 DATEDIF関数

「DATEDIF関数」を使うと、2つの日付の差を年数、月数、日数などで表示できます。

●DATEDIF関数
指定した日付から指定した日付までの期間を、指定した単位で返します。

=DATEDIF(古い日付, 新しい日付, 単位)
　　　　　　❶　　　　❷　　　　❸

❶古い日付
2つの日付のうち、古い日付(開始日)を指定します。

❷新しい日付
2つの日付のうち、新しい日付(終了日)を指定します。

❸単位
単位を指定します。

単位	意味	例
"Y"	期間内の満年数	=DATEDIF("2025/1/1","2026/3/1","Y")→1
"M"	期間内の満月数	=DATEDIF("2025/1/1","2026/3/1","M")→14
"D"	期間内の満日数	=DATEDIF("2025/1/1","2026/3/1","D")→424
"YM"	1年未満の月数	=DATEDIF("2025/1/1","2026/3/1","YM")→2
"YD"	1年未満の日数	=DATEDIF("2025/1/1","2026/3/1","YD")→59

G列に各人の「**勤続年数**」を求めましょう。
セル【G4】に1人目の「**勤続年数**」を求め、コピーします。
「**勤続年数**」は「**入社年月日**」から「**本日の日付**」までの期間を年数で表示します。

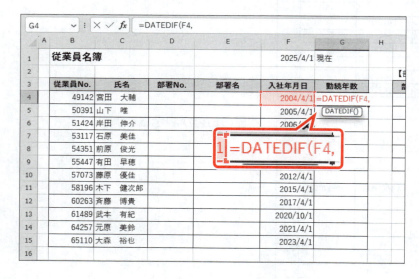

キーボードから関数を直接入力します。
①セル【G4】をクリックします。
②「=DATEDIF(」と入力します。
③セル【F4】をクリックします。
④「,」を入力します。

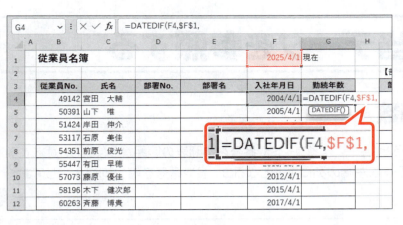

⑤セル【F1】をクリックします。
⑥[F4]を押します。
※数式を入力後にコピーします。本日の日付のセルは固定なので、絶対参照にします。
⑦「,」を入力します。

⑧「"Y")」と入力します。
⑨数式バーに「=DATEDIF(F4,$F$1,"Y")」と表示されていることを確認します。
⑩[Enter]を押します。

1人目の勤続年数が求められます。
数式をコピーします。
⑪セル【G4】を選択し、セル右下の■(フィルハンドル)をダブルクリックします。
数式がコピーされ、各人の勤続年数が求められます。

POINT 日付の処理

数値を「/(スラッシュ)」や「-(ハイフン)」で区切って、「2025/4/1」や「4/1」のように入力すると、セルに日付の表示形式が自動的に設定されて「2025/4/1」や「4月1日」のように表示されます。
実際にセルに格納されているのは、Excelで日付や時刻の計算に使用される「シリアル値」です。1900年1月1日をシリアル値の「1」として1日ごとに「1」が加算されます。
例えば、「2025年4月1日」は「1900年1月1日」から45748日目なので、シリアル値は「45748」になります。表示形式を標準にすると、シリアル値を確認できます。
次のような計算を行う場合、シリアル値で計算を行うため、特に関数を使う必要はありません。

	A	B	C	D	E	F	G	H
1		工事開始日	2025/4/18			納品日	2025/6/4	
2		工事終了日	2025/5/26			入金は	7	日以内
3		工事期間	39	日間		入金締切日	2025/6/10	まで
4								
5								

=G1+G2-1
=C2-C1+1

STEP 8 表から該当データを参照する

1 VLOOKUP関数

「VLOOKUP関数」を使うと、キーとなるコードや番号を参照表の範囲から検索し、対応する値を表示できます。参照表は左端の列にキーとなるコードや番号を縦方向に入力しておく必要があります。

●VLOOKUP関数

参照用の表から該当するデータを検索し、表示します。

＝VLOOKUP(検索値, 範囲, 列番号, 検索方法)
　　　　　　❶　　　❷　　❸　　　❹

❶検索値
検索対象のコード、番号またはセルを指定します。
※全角と半角、アルファベットの大文字と小文字は区別されません。

❷範囲
検索の対象となるセル範囲を指定します。

❸列番号
検索範囲の左から何番目の列を参照するかを指定します。

❹検索方法
「FALSE」または「TRUE」を指定します。「TRUE」は省略できます。

FALSE	完全に一致するものを検索します。
TRUE	検索値が見つからない場合、検索値未満で最も近い値を検索します。 ※参照用の表は、左端列の検索値を昇順に並べておく必要があります。

例:

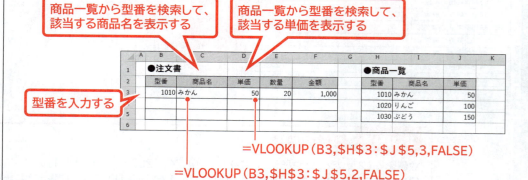

セル【D4】に「部署No.」を入力すると、セル【E4】に「部署名」を表示する関数を入力しましょう。

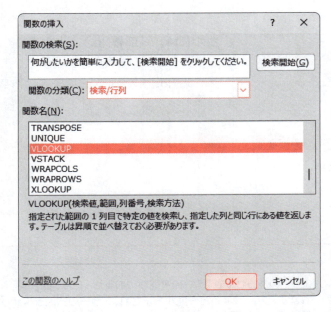

《関数の挿入》ボタンを使って入力します。
①セル【E4】をクリックします。
②《関数の挿入》をクリックします。

《関数の挿入》ダイアログボックスが表示されます。
③《関数の分類》の▼をクリックします。
④《検索/行列》をクリックします。
⑤《関数名》の一覧から《VLOOKUP》を選択します。
⑥《OK》をクリックします。

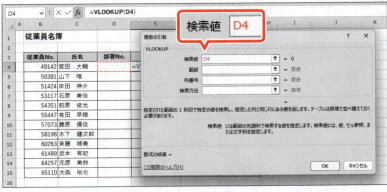

《関数の引数》ダイアログボックスが表示されます。
⑦《検索値》にカーソルがあることを確認します。
⑧セル【D4】をクリックします。
《検索値》に「D4」と表示されます。

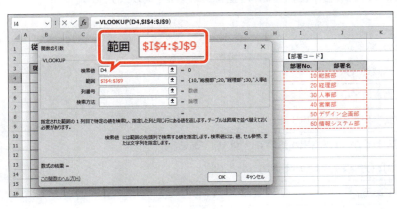

⑨《範囲》にカーソルを移動します。
⑩セル範囲【I4:J9】を選択します。
⑪ F4 を押します。
※数式を入力後にコピーします。参照用の表のセル範囲は固定なので、絶対参照にします。
《範囲》に「$I$4:$J$9」と表示されます。

39

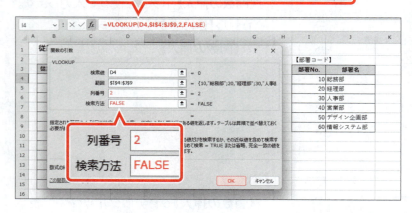

⑫《列番号》に「2」と入力します。
⑬《検索方法》に「FALSE」と入力します。
⑭数式バーに「=VLOOKUP(D4,$I$4:$J$9,2,FALSE)」と表示されていることを確認します。
⑮《OK》をクリックします。

セル【D4】に「部署No.」が入力されていないので、エラー「#N/A」が表示されます。
※「部署No.」を入力すると、「部署名」が参照されます。

POINT エラーチェック

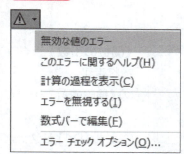

エラーのあるセルやエラーの可能性のあるセルには、⚠ が表示されます。クリックすると一覧が表示され、エラーの原因を確認したり、エラーを修正したりできます。

STEP UP エラー値

数式がエラーのとき、計算結果としてエラー値が表示されます。主なエラー値は、次のとおりです。

エラー値	説明
#CALC!	配列が空のため、結果を表示できない。
#DIV/0!	0または空白を除数にしている。
#N/A	必要な値が入力されていない。
#NAME?	認識できない文字列が使用されている。
#NUM!	引数が不適切であるか、計算結果が処理できない値である。
#NULL!	「:(コロン)」や「,(カンマ)」などが不適切である。
#VALUE!	引数が不適切である。
#スピル!	スピル範囲が空白でないなど、正しくスピルできない。

2 VLOOKUP関数とIF関数の組み合わせ

「部署No.」が入力されていなくてもエラー「#N/A」が表示されないように、数式を修正しましょう。次の条件に基づいて、VLOOKUP関数とIF関数を組み合わせて数式を入力します。関数の中に関数を組み込むことを、「関数のネスト」といいます。

> セル【D4】が空白セルであれば、何も表示しない
> 空白セルでなければ、VLOOKUP関数の計算結果を表示する

数式を編集します。
①セル【E4】をダブルクリックします。
②数式を「=IF(D4="","",VLOOKUP(D4,$I$4:$J$9,2,FALSE))」に修正します。
※「""」はデータがないことを表します。
③ Enter を押します。

エラー「#N/A」が消えます。
数式をコピーします。
④セル【E4】を選択し、セル右下の■(フィルハンドル)をダブルクリックします。

「部署No.」を入力します。
⑤セル【D4】に「20」と入力します。
「部署名」が検索されて自動的に表示されます。

※その他の「部署No.」も入力し、「部署名」が自動的に表示されることを確認しておきましょう。
※ブックに「関数の利用-2完成」と名前を付けて、フォルダー「第1章」に保存し、閉じておきましょう。

POINT　TRUEの指定

VLOOKUP関数の引数「検索方法」に「TRUE」を指定すると、データが一致しない場合に検索値未満で最も近い値を検索します。
参照用の表は、左端の列の検索値を昇順に並べておく必要があります。

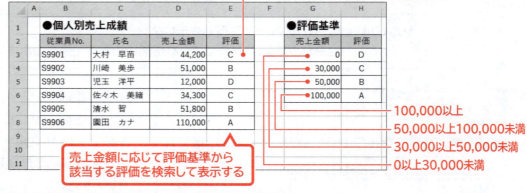

※検索値が0未満の場合は、エラー表示「#N/A」になります。

STEP UP　HLOOKUP関数

「HLOOKUP関数」を使うと、キーとなるコードや番号を参照表の範囲から検索し、対応する値を表示できます。参照用の表のデータが横方向に入力されている場合に使います。

●HLOOKUP関数

参照用の表から該当するデータを検索し、表示します。

＝HLOOKUP（検索値, 範囲, 行番号, 検索方法）
　　　　　　❶　　❷　　❸　　❹

❶検索値
検索対象のコード、番号またはセルを指定します。
※全角と半角、アルファベットの大文字と小文字は区別されません。

❷範囲
検索の対象となるセル範囲を指定します。

❸行番号
検索範囲の上から何番目の行を参照するかを指定します。

❹検索方法
「FALSE」または「TRUE」を指定します。「TRUE」は省略できます。

FALSE	完全に一致するものを検索します。
TRUE	検索値が見つからない場合、検索値未満で最も近い値を検索します。 ※参照用の表は、上端行の検索値を昇順に並べておく必要があります。

例：

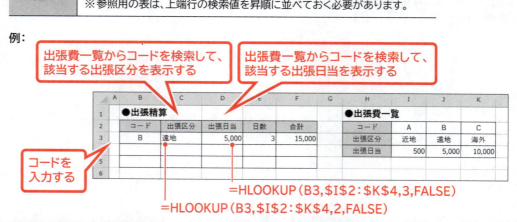

3 XLOOKUP関数

「XLOOKUP関数」を使うと、指定した範囲から該当するコードや番号、文字列などのデータを検索し、対応するデータを表示できます。XLOOKUP関数は、VLOOKUP関数やHLOOKUP関数をより使いやすく進化させた関数です。
検索するデータが範囲の左端または上端になくてもよいので、様々な表で使用できます。
また、IF関数などほかの関数を組み合わせなくても、検索値が見つからない場合の処理を指定できます。

●XLOOKUP関数

検索範囲から該当するデータを検索し、対応する戻り範囲のデータを表示します。

=XLOOKUP(検索値, 検索範囲, 戻り範囲, 見つからない場合, 一致モード, 検索モード)
　　　　　❶　　　❷　　　❸　　　❹　　　　　　❺　　　　❻

❶検索値
検索対象のコード、番号またはセルを指定します。
※全角と半角、アルファベットの大文字と小文字は区別されません。

❷検索範囲
検索の対象となるセル範囲を指定します。

❸戻り範囲
検索値に対応するセル範囲を指定します。❷と同じ高さのセル範囲を指定します。

❹見つからない場合
検索値が見つからない場合に返す値を指定します。
※省略できます。省略すると、エラー「#N/A」が返されます。

❺一致モード
検索値を一致と判断する基準を指定します。

0	完全に一致するものを検索します。等しい値が見つからない場合、エラー「#N/A」を返します。
-1	完全に一致するものを検索します。等しい値が見つからない場合、次に小さいデータを返します。
1	完全に一致するものを検索します。等しい値が見つからない場合、次に大きいデータを返します。
2	ワイルドカード文字を使って検索します。

※省略できます。省略すると、「0」を指定したことになります。

❻検索モード
検索範囲を検索する方向を指定します。

1	検索範囲の先頭から末尾へ向かって検索します。
-1	検索範囲の末尾から先頭へ向かって検索します。
2	昇順で並べ替えられた検索範囲を使用して検索します。大量のデータを高速に検索する必要がある場合に使います。並べ替えられていない場合、無効となります。
-2	降順で並べ替えられた検索範囲を使用して検索します。大量のデータを高速に検索する必要がある場合に使います。並べ替えられていない場合、無効となります。

※省略できます。省略すると、「1」を指定したことになります。

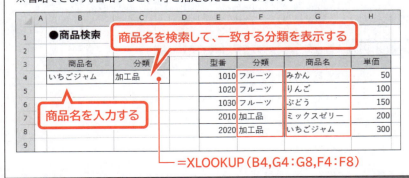

シート「**商品リスト**」のセル【H4】に「**商品No.**」を入力すると、セル【I4】に「**商品名**」を表示する関数を入力しましょう。

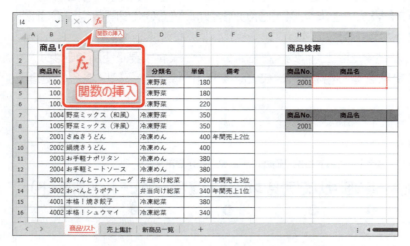

《関数の挿入》ボタンを使って入力します。
① シート「**商品リスト**」のセル【I4】をクリックします。
② 《関数の挿入》をクリックします。

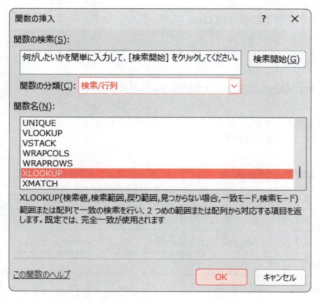

《関数の挿入》ダイアログボックスが表示されます。
③ 《関数の分類》の▼をクリックします。
④ 《検索/行列》をクリックします。
⑤ 《関数名》の一覧から《XLOOKUP》を選択します。
⑥ 《OK》をクリックします。

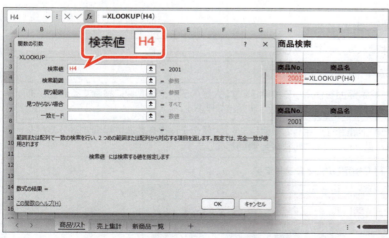

《関数の引数》ダイアログボックスが表示されます。
⑦ 《検索値》にカーソルがあることを確認します。
⑧ セル【H4】をクリックします。
《検索値》に「H4」と表示されます。

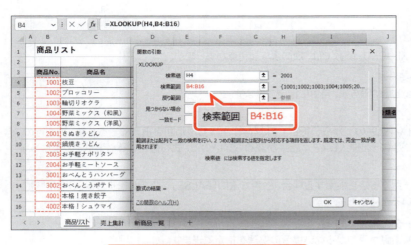

⑨《検索範囲》にカーソルを移動します。
⑩セル範囲【B4:B16】を選択します。
《検索範囲》に「B4:B16」と表示されます。

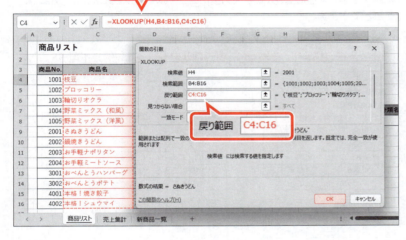

⑪《戻り範囲》にカーソルを移動します。
⑫セル範囲【C4:C16】を選択します。
《戻り範囲》に「C4:C16」と表示されます。
⑬数式バーに「=XLOOKUP(H4,B4:B16,C4:C16)」と表示されていることを確認します。
⑭《OK》をクリックします。

「商品No.」が「2001」の「商品名」が表示されます。

POINT 見つからない場合の指定

「商品No.」が入力されていない場合や該当するデータが見つからない場合には、エラー「#N/A」が表示されます。エラーが表示されないようにするには、XLOOKUP関数の引数「見つからない場合」に、空白を指定したり、「該当なし」などの文字を指定したりします。
例：見つからない場合、空白を表示
　　=XLOOKUP(H4,B4:B16,C4:C16,"")

45

POINT **XLOOKUP関数の利点**

VLOOKUP関数やHLOOKUP関数と比較すると、XLOOKUP関数では、次のような利点があります。

●検索するデータの位置を、自由に指定できる
検索するコードや番号などは、範囲の左端または上端に限らず、自由に指定できます。

●データを取り出す範囲を簡単に指定できる
データを取り出す範囲は「範囲の左から○列目」や「範囲の上から○行目」ではなく、直接セル範囲を指定できるため、列や行の番号の数え間違いを防げます。また、検索範囲に列や行を挿入しても、結果が変わらないので、式を修正する必要はありません。

●既定で完全に一致する値を検索できる
VLOOKUP関数やHLOOKUP関数では、完全に一致する値を検索する場合、検索方法に「FALSE」を指定します。XLOOKUP関数では、完全に一致する値の検索が既定になっているため効率的です。

●検索値が見つからない場合に表示するデータを指定できる
IF関数などほかの関数を組み合わせなくても、検索値が見つからない場合の処理を指定できます。

●ひとつの数式で複数の結果を表示できる
VLOOKUP関数やHLOOKUP関数では、複数のセルに結果を表示するには、数式を入力後にコピーします。XLOOKUP関数は、スピルに対応しているため、一度に複数のセルに結果を表示できます。

※スピルについては、P.47「STEP9 スピルを使って関数の結果を表示する」で学習します。

=IF(B5="","該当なし",VLOOKUP(B5,E4:H8,3,FALSE))

VLOOKUP関数を使うと、
型番から商品名は検索できるが、
商品名から型番は検索できない

XLOOKUP関数を使うと、
型番から商品名、商品名から型番
のどちらも検索できる

	A	B	C	D	E	F	G	H
1	●商品検索				●商品一覧			
2	VLOOKUP関数							
3	・型番から商品名を検索				型番	分類	商品名	単価
4	型番		商品名		1010	フルーツ	みかん	50
5	1030		ぶどう		1020	フルーツ	りんご	100
6	・商品名から型番を検索				1030	フルーツ	ぶどう	150
7	商品名		型番		2010	加工品	ミックスゼリー	200
8	ぶどう				2020	加工品	いちごジャム	300
9								
10	XLOOKUP関数							
11	・型番から商品名を検索							
12	型番		商品名					
13	1030		ぶどう					
14	・商品名から型番を検索							
15	商品名		型番					
16	ぶどう		1030					
17								

=XLOOKUP(B13,E4:E8,G4:G8,"該当なし")
=XLOOKUP(B16,G4:G8,E4:E8,"該当なし")

STEP UP **一致モードの指定**

XLOOKUP関数の引数「一致モード」に「-1」や「1」を指定すると、一致するデータがない場合でも、次に近い値を検索して結果を表示できます。

「一致モード」に「-1」を指定すると、「○○以上○○未満」の結果を返します。検索範囲には「○○」以上を入力したセル範囲を指定します。「一致モード」に「1」を指定すると、「○○より大きく○○以下」の結果を返します。検索範囲には「○○」以下を入力したセル範囲を指定します。VLOOKUP関数やHLOOKUP関数と異なり、「検索範囲」を並べ替えておく必要はありません。

例:「一致モード」に「-1」を指定

	A	B	C	D	E	F	G	H	I
1		●成績評価				●評価基準			
2		氏名	点数	評価		評価	点数		
3		大村　早苗	80	B		A	90	以上	
4		川崎　美歩	95	A		B	70	以上	
5		児玉　洋平	65	C		C	50	以上	
6		佐々木　美緒	92	A		D	0	以上	
7		清水　智	100	A					
8									

戻り範囲　　検索範囲

=XLOOKUP(C3,$G$3:$G$6,$F$3:$F$6,"",-1)

46

第1章　関数の利用

STEP 9 スピルを使って関数の結果を表示する

1 スピル

「**スピル**」とは、ひとつの数式を入力するだけで隣接するセル範囲にも結果を表示する機能です。

スピルを使ってセル範囲を参照する数式を入力すると、数式をコピーしなくても結果が表示されるので、効率的です。

セル範囲を参照する数式を入力

	A	B	C	D
1	商品名	単価	数量	金額
2	ポリ袋	500	10	=B2:B7*C2:C7
3	ゴミ袋　45L	600	8	
4	ゴミ袋　70L	850	10	
5	ラップ　50m	410	5	
6	アルミホイル　50m	380	5	
7	エンボス手袋	550	3	
8				

コピーしなくても数式の結果が表示される

	A	B	C	D
1	商品名	単価	数量	金額
2	ポリ袋	500	10	5,000
3	ゴミ袋　45L	600	8	4,800
4	ゴミ袋　70L	850	10	8,500
5	ラップ　50m	410	5	2,050
6	アルミホイル　50m	380	5	1,900
7	エンボス手袋	550	3	1,650
8				

2 スピルを使った関数の結果の表示

スピルに対応した関数を使うと、先頭のセルに数式を入力するだけで、隣接するセル範囲にまとめて結果を表示することができます。

例えば、XLOOKUP関数はスピルに対応しているので、検索値に対応する複数の列を一度に取り出すことができます。複数の列を取り出すには、XLOOKUP関数の引数「**戻り範囲**」に、複数の列を含むようにセル範囲を指定します。

	A	B	C	D	E	F	G	H	I	J
1		●商品一覧								
2							・型番を入力してください。			
3		型番	分類	商品名	単価		型番	2020		
4		1010	フルーツ	みかん	50					
5		1020	フルーツ	りんご	100		・結果			
6		1030	フルーツ	ぶどう	150		分類	商品名	単価	
7		2010	加工品	ミックスゼリー	200		加工品	いちごジャム	300	
8		2020	加工品	いちごジャム	300					
9										

型番を入力すると、分類、商品名、単価が一度に表示される

=XLOOKUP（H3,B4:B8,C4:E8）

47

セル【H8】に「商品No.」を入力すると、セル【I8】を開始位置として、「商品名」「分類名」「単価」「備考」を表示する関数を入力しましょう。

《関数の挿入》ボタンを使って入力します。
①セル【I8】をクリックします。
※XLOOKUP関数は、検索結果を表示するセル範囲の先頭のセルに入力します。
②《関数の挿入》をクリックします。

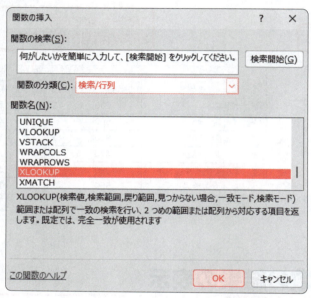

《関数の挿入》ダイアログボックスが表示されます。
③《関数の分類》の▼をクリックします。
④《検索/行列》をクリックします。
⑤《関数名》の一覧から《XLOOKUP》を選択します。
⑥《OK》をクリックします。

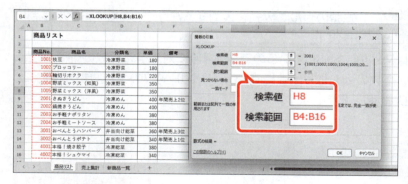

《関数の引数》ダイアログボックスが表示されます。
⑦《検索値》にカーソルがあることを確認します。
⑧セル【H8】をクリックします。
《検索値》に「H8」と表示されます。
⑨《検索範囲》にカーソルを移動します。
⑩セル範囲【B4:B16】を選択します。
《検索範囲》に「B4:B16」と表示されます。

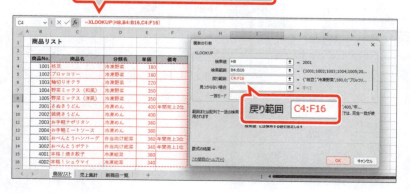

⑪《戻り範囲》にカーソルを移動します。
⑫セル範囲【C4:F16】を選択します。
《戻り範囲》に「C4:F16」と表示されます。
⑬数式バーに「=XLOOKUP(H8,B4:B16,C4:F16)」と表示されていることを確認します。
⑭《OK》をクリックします。

セル範囲【I8:L8】が青い枠線で囲まれ、「商品No.」が「2001」の「商品名」「分類名」「単価」「備考」が表示されます。

※「数式がスピルされています…」のメッセージが表示された場合は、《OK》をクリックしておきましょう。

※数式を入力したセル以外のセルを選択すると、数式バーに薄い灰色で数式が表示されます。

POINT 数式の編集や削除

スピルによって結果が表示されたセル範囲を「スピル範囲」といい、青い枠線で囲まれます。数式を入力したセル以外のセルを「ゴースト」といいます。スピルを使った数式を編集する場合は、スピル範囲先頭のセルの数式を修正すると、スピル範囲の結果に反映されます。また、数式を削除する場合は、スピル範囲先頭のセルの数式を削除すると、スピル範囲のすべての結果が削除されます。ゴーストのセルの数式を編集したり削除したりすることはできません。

POINT スピルを使った関数の入力

XLOOKUP関数だけでなく、様々な関数でスピルを使って結果を表示することができます。
例えば、図のセル【G5】のIF関数やセル【I5】のIFS関数の引数「論理式」のセル参照を、単一のセルでなく、セル範囲で指定すると、数式をコピーしなくても結果がすべて表示されます。

=IFS(H5:H16="A","合格",H5:H16="B","再面接",TRUE,"不合格")
=IF(E5:E16>=65,"合格","不合格")

スピルで結果が表示される

STEP UP スピルのエラー

スピル範囲にデータが入力されていたり、スピル範囲のセルが結合されていたりすると、スピルの結果が正しく表示されず、エラー「#スピル!」が表示されます。

POINT スピル利用時の注意点

スピルに対応していないExcel 2019以前のバージョンでスピルを使った数式を含むブックを開くと、数式ではなく結果だけが表示される場合があります。以前のバージョンを使用する可能性がある場合は、注意しましょう。
また、スピルを含む表は、テーブル、並べ替えなどの一部の機能を使用することができません。

3 SORT関数

「SORT関数」を使うと、表をひとつのキーを基準に並べ替え、元の表とは別の場所に結果を表示できます。関数を入力したセルを開始位置として、結果がスピルで表示されます。

●SORT関数
指定した配列を昇順や降順に並べ替え、行方向または列方向に結果を表示します。

＝SORT（配列, 並べ替えインデックス, 並べ替え順序, 並べ替え基準）
　　　　❶　　　❷　　　　　　　　❸　　　　　　❹

❶配列
並べ替えを行うセル範囲を指定します。

❷並べ替えインデックス
並べ替えの基準となるキーを数値で指定します。「2」と指定すると2行目、または2列目となります。
※省略できます。省略すると、配列の1行目または1列目となります。

❸並べ替え順序
「1」（昇順）または「-1」（降順）を指定します。
※省略できます。省略すると、「1」を指定したことになります。
※日本語は、文字コード順になります。

❹並べ替え基準
「FALSE」または「TRUE」を指定します。

FALSE	行で並べ替えます。
TRUE	列で並べ替えます。

※省略できます。省略すると、「FALSE」を指定したことになります。

例：

> セル範囲【B4:F8】を合計点の降順で並べ替える

=SORT（B4:F8,5,-1）

シート「**売上集計**」のセル【J4】を開始位置として、表を「**売上金額**」の高い順に並べ替えて表示する関数を入力しましょう。

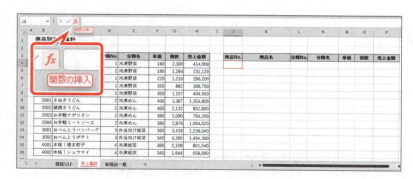

《関数の挿入》ボタンを使って入力します。
①シート「**売上集計**」のセル【J4】をクリックします。
②《関数の挿入》をクリックします。

《関数の挿入》ダイアログボックスが表示されます。

③《関数の分類》の▼をクリックします。
④《検索/行列》をクリックします。
⑤《関数名》の一覧から《SORT》を選択します。
⑥《OK》をクリックします。

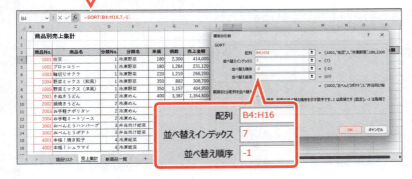

《関数の引数》ダイアログボックスが表示されます。

⑦《配列》にカーソルがあることを確認します。
⑧セル範囲【B4:H16】を選択します。
《配列》に「B4:H16」と表示されます。
⑨《並べ替えインデックス》に「7」と入力します。
⑩《並べ替え順序》に「-1」と入力します。
⑪数式バーに「=SORT(B4:H16,7,-1)」と表示されていることを確認します。
⑫《OK》をクリックします。

セル範囲【J4:P16】が青い枠線で囲まれ、「売上金額」の高い順に表示されます。

※「個数」「売上金額」の数値にカンマが表示されていません。必要に応じて、表示形式を桁区切りスタイルに設定しておきましょう。

STEP UP **SORTBY関数**

「SORTBY関数」を使うと、表をひとつ以上のキーを基準に並べ替え、元の表とは別の場所に結果を表示できます。
関数を入力したセルを開始位置として、結果がスピルで表示されます。

●SORTBY関数

指定した配列をひとつ以上のキーを基準に昇順や降順に並べ替え、結果を表示します。

$$=SORTBY(\underset{❶}{\underline{配列}}, \underset{❷}{\underline{基準配列1}}, \underset{❸}{\underline{並べ替え順序1}}, \underset{❹}{\underline{基準配列2}}, \underset{❺}{\underline{並べ替え順序2}}, \cdots)$$

---

❶配列
並べ替えを行うセル範囲を指定します。

❷基準配列1
1つ目の並べ替えの基準となるキーをセル範囲で指定します。❶で指定した配列と同じサイズのセル範囲を指定します。

❸並べ替え順序1
「1」（昇順）または「-1」（降順）を指定します。
※省略できます。省略すると、「1」を指定したことになります。
※日本語は、文字コード順になります。

❹基準配列2
2つ目の並べ替えの基準となるキーをセル範囲で指定します。

❺並べ替え順序2
2つ目の並べ替えの順序を指定します。

例：

> セル範囲【B4：F8】をクラスの昇順、さらに合計点の降順で並べ替える

	氏名	クラス	リスニング	スピーキング	合計点		氏名	クラス	リスニング	スピーキング	合計点
	英語復習テスト										
	近藤　佑香	A	89	71	160		木村　健斗	A	75	95	170
	坂上　太一	B	67	63	130		近藤　佑香	A	89	71	160
	伊藤　こころ	B	88	89	177		伊藤　こころ	B	88	89	177
	木村　健斗	A	75	95	170		坂上　太一	B	67	63	130
	上田　桃香	C	54	58	112		上田　桃香	C	54	58	112

=SORTBY（B4：F8,C4：C8,1,F4：F8,-1）

4 FILTER関数

「FILTER関数」を使うと、表から条件に合うデータを抽出して、元の表とは別の場所に結果を表示できます。関数を入力したセルを開始位置として、結果がスピルで表示されます。

●FILTER関数
指定した配列から条件に一致するデータを抽出して、結果を表示します。

=FILTER(配列, 含む, 空の場合)
　　　　　❶　　❷　　　❸

❶配列
抽出の対象となるセル範囲を指定します。
❷含む
抽出する条件を数式で指定します。
❸空の場合
該当するデータがない場合に返す値を指定します。
※省略できます。省略すると、該当するデータがない場合、エラー「#CALC!」を返します。

シート「**新商品一覧**」のセル【I7】を開始位置として、「**分類No.**」が「**5**」のデータを抽出して「**商品No.**」と「**商品名**」を表示する関数を入力しましょう。「**分類No.**」はセル【J3】を参照し、該当するデータがない場合は、「**該当なし**」と表示するようにします。

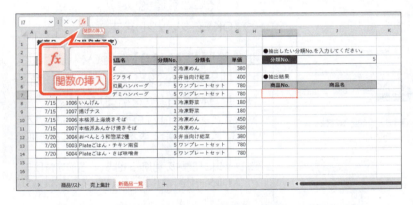

《関数の挿入》ボタンを使って入力します。
①シート「**新商品一覧**」のセル【I7】をクリックします。
②《関数の挿入》をクリックします。

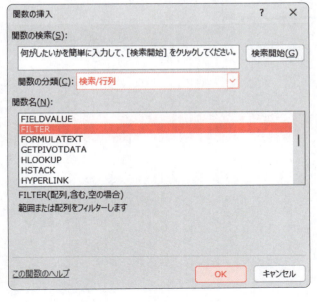

《関数の挿入》ダイアログボックスが表示されます。
③《関数の分類》の▼をクリックします。
④《検索/行列》をクリックします。
⑤《関数名》の一覧から《FILTER》を選択します。
⑥《OK》をクリックします。

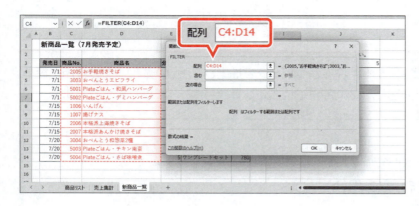

《関数の引数》ダイアログボックスが表示されます。

⑦《配列》にカーソルがあることを確認します。

⑧セル範囲【C4:D14】を選択します。

《配列》に「C4:D14」と表示されます。

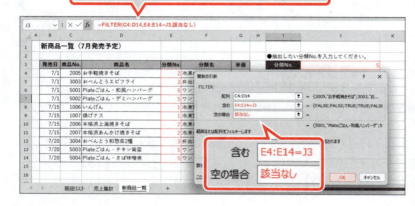

⑨《含む》にカーソルを移動します。
⑩セル範囲【E4:E14】を選択します。
⑪続けて、「=」を入力します。
⑫セル【J3】をクリックします。

《含む》に「E4:E14=J3」と表示されます。

⑬《空の場合》に「該当なし」と入力します。
⑭数式バーに「=FILTER(C4:D14,E4:E14=J3,該当なし)」と表示されていることを確認します。
⑮《OK》をクリックします。

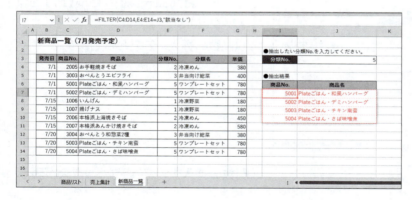

セル範囲【I7:J10】が青い枠線で囲まれ、抽出条件に該当するデータの「商品No.」と「商品名」が表示されます。

※数式バーに「=FILTER(C4:D14,E4:E14=J3,"該当なし")」と表示されていることを確認しておきましょう。

※ブックに「関数の利用-3完成」と名前を付けて、フォルダー「第1章」に保存し、閉じておきましょう。

練習問題

あなたは、野球リーグの運営業務を担当しており、今シーズンの打撃成績をまとめることになりました。
完成図のような表を作成しましょう。

※標準解答は、FOM出版のホームページで提供しています。P.5「5 学習ファイルと標準解答のご提供について」を参照してください。

●完成図

打率順位

選手名	チームID	チーム名	打率	試合数	打席数	打数	安打	本塁打	三振	四球	死球	犠打犠飛	打率順位	本塁打順位	打率表彰	本塁打表彰
大野 幸助	SB	渋谷ブラザーズ	0.3537	65	289	246	87	16	47	38	3	2	1	5	◎	○
東山 弘毅	KR	川崎レインボー	0.3379	72	338	293	99	6	39	34	8	3	2	18	◎	－
町田 準之助	SS	品川スニーカーズ	0.3359	71	296	259	87	20	63	28	5	4	3	3	◎	◎
岩田 裕樹	OP	御茶ノ水プレイメーツ	0.3148	72	308	270	85	16	63	35	1	2	4	5	－	○
前田 聡	SB	渋谷ブラザーズ	0.3117	66	259	231	72	11	21	20	5	3	5	12	－	－
中田 修	KR	川崎レインボー	0.3114	72	314	289	90	9	60	21	0	4	6	14	－	－
金井 和夫	KR	川崎レインボー	0.3103	72	307	261	81	24	76	42	1	3	7	1	－	◎
花村 大二郎	AS	青山ソックス	0.3096	69	267	239	74	10	40	21	4	3	8	13	－	－
谷原 省吾	SS	品川スニーカーズ	0.278	69	288	259	72	8	43	26	2	1	22	16	－	
黒田 健作	KR	川崎レインボー	0.2768	66	250	224	62	9	47	16	3	7	23	14	－	
村井 滋	AS	青山ソックス	0.2744	73	306	266	73	17	77	20	13	7	24	4	－	○
星野 護	ME	目黒イーグルス	0.2735	64	265	245	67	12	51	14	3	3	25	11	－	
金城 アレックス	SS	品川スニーカーズ	0.2721	72	309	272	74	6	29	24	7	6	26	18	－	
相原 道哉	OP	御茶ノ水プレイメーツ	0.2718	72	316	298	81	13	51	9	4	5	27	7	－	
小森 隆介	AS	青山ソックス	0.2714	70	321	280	76	0	47	30	6	5	28	27	－	

個人打撃成績　チーム一覧　成績検索　打率成績　＋

① シート「**個人打撃成績**」のセル【D1】に、本日の日付を表示する数式を入力しましょう。

② セル【D4】に、セル【C4】の「**チームID**」に対応する「**チーム名**」を表示する数式を入力しましょう。シート「**チーム一覧**」の表を参照します。
次に、セル【D4】の数式をコピーして、「**チーム名**」欄を完成させましょう。

③ セル【O4】に、表の1人目の「**打率順位**」を表示する数式を入力しましょう。
「**打率**」が高い順に「**1**」「**2**」「**3**」・・・と順位を付けます。
次に、セル【O4】の数式をコピーして、「**打率順位**」欄を完成させましょう。

④ セル【P4】に、表の1人目の「**本塁打順位**」を表示する数式を入力しましょう。
「**本塁打**」が多い順に「**1**」「**2**」「**3**」・・・と順位を付けます。
次に、セル【P4】の数式をコピーして、「**本塁打順位**」欄を完成させましょう。

⑤ セル【Q4】に、表の1人目の「**打率表彰**」の有無を表示する数式を入力しましょう。
「**打率**」が3割3分3厘以上であれば「**◎**」、そうでなければ「**－**」を返すようにします。
次に、セル【Q4】の数式をコピーして、「**打率表彰**」欄を完成させましょう。

(HINT) 「◎」は「まる」と入力して変換します。

⑥ セル【R4】に、表の1人目の「**本塁打表彰**」の有無を表示する数式を入力しましょう。
「**本塁打**」が20本以上であれば「**◎**」、15本以上であれば「**○**」、それ以外は「**－**」を返すようにします。
次に、セル【R4】の数式をコピーして、「**本塁打表彰**」欄を完成させましょう。

⑦ 完成図を参考に、シート「**成績検索**」のセル【B6】を開始位置として、セル【C2】の「**打率順位**」に対応する個人打撃成績を表示する数式を入力しましょう。
シート「**個人打撃成績**」の表を参照し、スピルを使って結果を表示します。

⑧ 完成図を参考に、シート「**打率成績**」のセル【B4】を開始位置として、個人打撃成績の表を「**打率順位**」の昇順で並べ替えて表示する数式を入力しましょう。
シート「**個人打撃成績**」の表を参照し、スピルを使って結果を表示します。

※ブックに「第1章練習問題完成」と名前を付けて、フォルダー「第1章」に保存し、閉じておきましょう。

第 2 章

表の視覚化とルールの設定

この章で学ぶこと	58
STEP 1　作成するブックを確認する	59
STEP 2　条件付き書式を設定する	60
STEP 3　ユーザー定義の表示形式を設定する	70
STEP 4　入力規則を設定する	75
STEP 5　メモやコメントを挿入する	81
練習問題	84

この章で学ぶこと

学習前に習得すべきポイントを理解しておき、
学習後には確実に習得できたかどうかを振り返りましょう。

- ■ ルールに基づいて、セルを強調できる。 → P.61 ☑☑☑
- ■ ルールに基づいて、上位または下位の数値を含むセルを強調できる。 → P.66 ☑☑☑
- ■ 指定したセル範囲内で数値の大小を比較するアイコンセットを表示できる。 → P.68 ☑☑☑
- ■ ユーザーが独自に定義できる表示形式について理解する。 → P.71 ☑☑☑
- ■ 数値の表示形式を設定できる。 → P.72 ☑☑☑
- ■ 日付の表示形式を設定できる。 → P.74 ☑☑☑
- ■ 入力規則を設定して、日本語入力システムを切り替えることができる。 → P.76 ☑☑☑
- ■ 入力規則を設定して、リストから選択して入力するようにできる。 → P.78 ☑☑☑
- ■ 入力規則を設定して、エラーメッセージを表示できる。 → P.79 ☑☑☑
- ■ 複数のユーザーで入力するときの補足事項や注意事項をメモやコメントとして挿入できる。 → P.81 ☑☑☑

STEP 1 作成するブックを確認する

1 作成するブックの確認

次のようなブックを作成しましょう。

東京23区人口統計

区名	面積(km²)	2018年（平成30年）男性	女性	総数	人口密度	2023年（令和5年）男性	女性	総数	人口密度	2018年→2023年 総数増減		人口密度増減
千代田区	11.7	30,697	30,572	61,269	5,255	34,009	33,902	67,911	5,824	6,642	●	570
中央区	10.2	74,636	82,187	156,823	15,360	82,760	91,314	174,074	17,049	▲17,251	●	1,690
港区	20.4	119,273	134,366	253,639	12,452	123,068	138,547	261,615	12,843	7,976	●	392
新宿区	18.2	171,900	170,397	342,297	18,787	173,881	172,398	346,279	19,005	3,982	●	219
文京区	11.3	103,433	113,986	217,419	19,258	109,221	120,432	229,653	20,341	▲12,234	●	1,084
台東区	10.1	100,374	95,760	196,134	19,400	105,761	101,718	207,479	20,522	▲11,345	●	1,122
墨田区	13.8	133,455	135,443	268,898	19,528	138,030	141,955	279,985	20,333	▲11,087	●	805
江東区	43.0	253,839	259,358	513,197	11,938	261,969	270,913	532,882	12,395	19,685	●	458
品川区	22.8	190,122	197,500	387,622	16,971	197,659	206,537	404,196	17,697	▲16,574	●	726
目黒区	14.7	130,927	145,857	276,784	18,867	131,372	147,263	278,635	18,994	1,851	●	126
大田区	61.9	360,500	362,841	723,341	11,693	361,782	366,643	728,425	11,775	5,084	●	82
世田谷区	58.1	427,184	472,923	900,107	15,506	433,385	482,054	915,439	15,770	15,332	●	264
渋谷区	15.1	107,892	116,788	224,680	14,870	109,921	119,491	229,412	15,183	4,732	●	313
中野区	15.6	165,938	162,745	328,683	21,083	168,181	165,412	333,593	21,398	4,910	●	315
杉並区	34.1	270,862	293,627	564,489	16,573	274,060	296,726	570,786	16,758	6,297	●	185
豊島区	13.0	144,713	142,398	287,111	22,068	144,719	143,985	288,704	22,191	▼1,593	●	122
北区	20.6	173,117	174,913	348,030	16,886	175,784	177,948	353,732	17,163	5,702	●	277
荒川区	10.2	106,884	107,760	214,644	21,126	107,662	109,152	216,814	21,340	2,170	●	214
板橋区	32.2	276,872	284,841	561,713	17,434	278,023	290,218	568,241	17,636	6,528	●	203
練馬区	48.1	355,157	373,322	728,479	15,151	357,649	381,265	738,914	15,368	10,435	●	217
足立区	53.3	343,808	341,639	685,447	12,872	345,515	344,599	690,114	12,960	4,667	●	88
葛飾区	34.8	230,393	230,030	460,423	13,231	231,362	232,813	464,175	13,338	3,752	●	108
江戸川区	49.9	350,905	344,461	695,366	13,935	346,393	341,760	688,153	13,791	▼-7,213	●	-145

条件付き書式の設定

出典：東京都の統計（東京都総務局統計部）

ユーザー定義の表示形式の設定 — メモの挿入

【弊社記入欄】

伝票番号	0001
受付日	4月1日(火)
受付担当	
顧客番号	K-0110

FOMハウスクリーン株式会社　宛

注文書

貴社名	
ご担当者名	
ご住所	
TEL	
FAX	
E-Mail	
申込日	2025/4/1
希望納期	

メモ: 富士太郎: ご担当者様のE-Mailアドレスをご記入ください。

【注文明細】

	商品型番	商品名	単価	数量	金額
1	C130	モップ（大）	1,500		
2					
3					
4					
5					
6					
7					
8					
9					
10					

お買上金額		0
割引金額		0
割引後金額		0
消費税額	10%	0
お支払総額		0

【商品一覧】

商品型番	商品名	単価
C110	抗菌マット	1,200
C120	防水マット	1,100
C130	モップ（大）	1,500
C140	モップ（中）	1,800
C150	ハンディモップ	1,300
C210	床用洗剤	1,200
C220	ガラス用洗剤	1,000
C230	除菌クリーナー	1,500
C240	床用ワックス	1,300
C250	業務用クロス	1,800

【割引率】

お買上金額	割引率
0以上	0%
10,000以上	5%
15,000以上	10%
20,000以上	15%

入力規則の設定

注文書

STEP 2 条件付き書式を設定する

1 条件付き書式

「条件付き書式」を使うと、「ルール」(条件)に基づいてセルに特定の書式を設定したり、数値の大小関係が視覚的にわかるように装飾したりできます。
条件付き書式には、次のようなものがあります。

●セルの強調表示ルール
「指定の値に等しい」「指定の値より大きい」「指定の範囲内」などのルールに基づいて、該当するセルに特定の書式を設定します。

●上位/下位ルール
「上位10項目」「下位10%」「平均より上」などのルールに基づいて、該当するセルに特定の書式を設定します。

●データバー
選択したセル範囲内で数値の大小関係を比較して、バーの長さで表示します。

地区	4月	5月	6月	合計
札幌	9,210	8,150	8,550	25,910
仙台	11,670	10,030	11,730	33,430
東京	25,930	22,820	23,970	72,720
名古屋	11,840	11,380	10,950	34,170
大阪	19,460	17,120	17,970	54,550
高松	9,950	9,640	10,130	29,720
広島	10,930	10,540	11,060	32,530
福岡	13,420	12,120	12,730	38,270
合計	112,410	101,800	107,090	321,300

●カラースケール
選択したセル範囲内で数値の大小関係を比較して、段階的に色分けして表示します。

地区	4月	5月	6月	合計
札幌	9,210	8,150	8,550	25,910
仙台	11,670	10,030	11,730	33,430
東京	25,930	22,820	23,970	72,720
名古屋	11,840	11,380	10,950	34,170
大阪	19,460	17,120	17,970	54,550
高松	9,950	9,640	10,130	29,720
広島	10,930	10,540	11,060	32,530
福岡	13,420	12,120	12,730	38,270
合計	112,410	101,800	107,090	321,300

●アイコンセット
選択したセル範囲内で数値の大小関係を比較して、アイコンの図柄で表示します。

地区	4月	5月	6月	合計
札幌	9,210	8,150	8,550	25,910
仙台	11,670	10,030	11,730	33,430
東京	25,930	22,820	23,970	72,720
名古屋	11,840	11,380	10,950	34,170
大阪	19,460	17,120	17,970	54,550
高松	9,950	9,640	10,130	29,720
広島	10,930	10,540	11,060	32,530
福岡	13,420	12,120	12,730	38,270
合計	112,410	101,800	107,090	321,300

2 セルの強調表示ルールの設定

OPEN 表の視覚化とルールの設定-1

セルの強調表示ルールを設定して、セルに書式を設定しましょう。

1 既定の書式の設定

「面積（km²）」が30より大きいセルが強調されるように、既定の書式の「**濃い赤の文字、明るい赤の背景**」を設定しましょう。

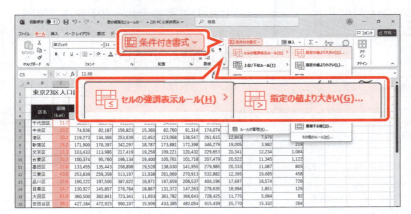

書式を設定するセル範囲を選択します。
① セル範囲【C5：C27】を選択します。
②《ホーム》タブを選択します。
③《スタイル》グループの《条件付き書式》をクリックします。
④《セルの強調表示ルール》をポイントします。
⑤《指定の値より大きい》をクリックします。

《指定の値より大きい》ダイアログボックスが表示されます。
⑥《次の値より大きいセルを書式設定》に「30」と入力します。
⑦《書式》の▼をクリックします。
⑧《濃い赤の文字、明るい赤の背景》をクリックします。
⑨《OK》をクリックします。

30より大きいセルに指定した書式が設定されます。

※セル範囲の選択を解除して、書式を確認しておきましょう。

61

2 ユーザー独自の書式の設定

「面積(km²)」が20より小さいセルに、ユーザー独自で「**濃い青の文字、薄い水色の背景**」の書式を設定しましょう。薄い水色の背景は、任意の水色を選択します。

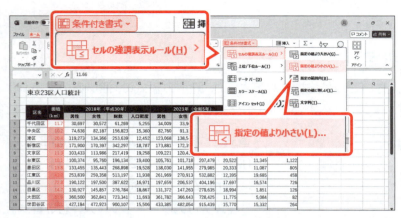

書式を設定するセル範囲を選択します。
① セル範囲【C5:C27】を選択します。
② 《**ホーム**》タブを選択します。
③ 《**スタイル**》グループの《**条件付き書式**》をクリックします。
④ 《**セルの強調表示ルール**》をポイントします。
⑤ 《**指定の値より小さい**》をクリックします。

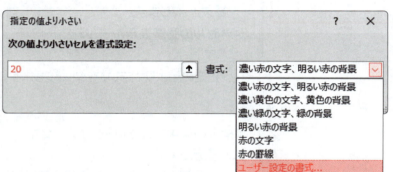

《指定の値より小さい》ダイアログボックスが表示されます。
⑥ 《**次の値より小さいセルを書式設定**》に「**20**」と入力します。
⑦ 《**書式**》の▼をクリックします。
⑧ 《**ユーザー設定の書式**》をクリックします。

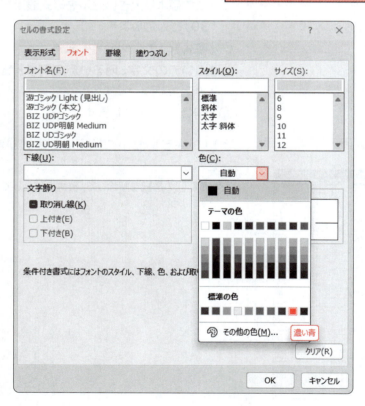

《セルの書式設定》ダイアログボックスが表示されます。
⑨ 《**フォント**》タブを選択します。
⑩ 《**色**》の▼をクリックします。
⑪ 《**標準の色**》の《**濃い青**》をクリックします。

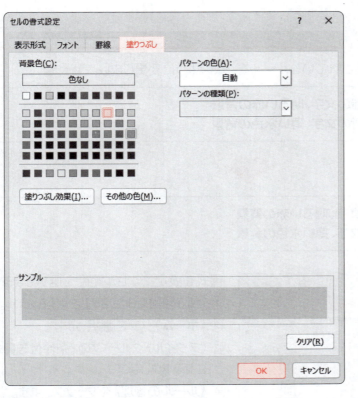

⑫《塗りつぶし》タブを選択します。

⑬《背景色》の一覧から任意の水色を選択します。

※ここでは、左から8番目、上から2番目の色を選択しています。

⑭《OK》をクリックします。

《指定の値より小さい》ダイアログボックスに戻ります。

⑮《OK》をクリックします。

20より小さいセルに指定した書式が設定されます。

※セル範囲の選択を解除して、書式を確認しておきましょう。

3 ルールの管理

「面積（km²）」のセルに設定されているルールを、次のように変更しましょう。

30より大きい場合：濃い赤の文字、明るい赤の背景
20より小さい場合：濃い青の文字、薄い水色の背景

↓

40以上の場合：濃い赤の文字、明るい赤の背景
15以下の場合：濃い青の文字、薄い水色の背景

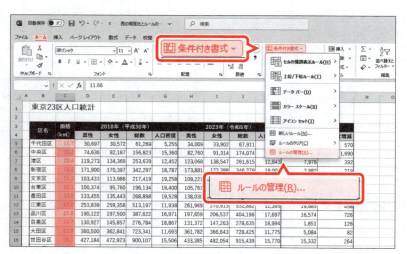

書式を設定するセル範囲を選択します。
①セル範囲【C5:C27】を選択します。
②《ホーム》タブを選択します。
③《スタイル》グループの《条件付き書式》をクリックします。
④《ルールの管理》をクリックします。

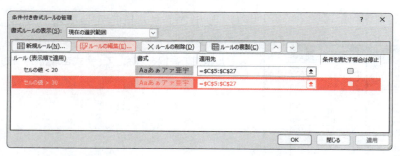

《条件付き書式ルールの管理》ダイアログボックスが表示されます。
⑤一覧にすでに設定されているルールが表示されていることを確認します。
⑥《セルの値>30》をクリックします。
⑦《ルールの編集》をクリックします。

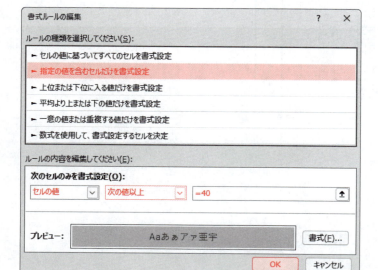

《書式ルールの編集》ダイアログボックスが表示されます。
⑧《ルールの種類を選択してください》が《指定の値を含むセルだけを書式設定》になっていることを確認します。
⑨《次のセルのみを書式設定》の左のボックスが《セルの値》になっていることを確認します。
⑩中央のボックスの▼をクリックします。
⑪《次の値以上》をクリックします。
⑫右のボックスを「=40」に修正します。
⑬《OK》をクリックします。

《条件付き書式ルールの管理》ダイアログボックスに戻ります。

⑭《セルの値<20》をクリックします。

⑮《ルールの編集》をクリックします。

《書式ルールの編集》ダイアログボックスが表示されます。

⑯《ルールの種類を選択してください》が《指定の値を含むセルだけを書式設定》になっていることを確認します。

⑰《次のセルのみを書式設定》の左のボックスが《セルの値》になっていることを確認します。

⑱中央のボックスの▼をクリックします。

⑲《次の値以下》をクリックします。

⑳右のボックスを「=15」に修正します。

㉑《OK》をクリックします。

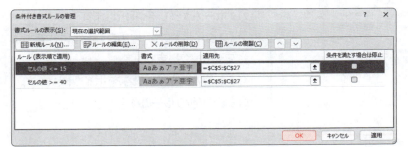

《条件付き書式ルールの管理》ダイアログボックスに戻ります。

㉒《OK》をクリックします。

40以上、15以下のセルにそれぞれ指定した書式が設定されます。

※セル範囲の選択を解除して、書式を確認しておきましょう。

POINT ルールのクリア

設定したルールをクリアする方法は、次のとおりです。

シートに設定されているすべてのルール

◆《ホーム》タブ→《スタイル》グループの《条件付き書式》→《ルールのクリア》→《シート全体からルールをクリア》

セル範囲に設定されているすべてのルール

◆セル範囲を選択→《ホーム》タブ→《スタイル》グループの《条件付き書式》→《ルールのクリア》→《選択したセルからルールをクリア》

セル範囲に設定されている一部のルール

◆セル範囲を選択→《ホーム》タブ→《スタイル》グループの《条件付き書式》→《ルールの管理》→ルールを選択→《ルールの削除》

4 上位/下位ルールの設定

「2023年（令和5年）」の「総数」のうち、数値が大きいセル上位5件が強調されるように、太字の書式を設定しましょう。

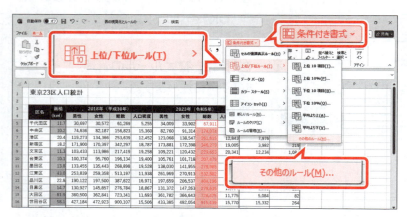

書式を設定するセル範囲を選択します。

① セル範囲【J5:J27】を選択します。
② 《ホーム》タブを選択します。
③ 《スタイル》グループの《条件付き書式》をクリックします。
④ 《上位/下位ルール》をポイントします。
⑤ 《その他のルール》をクリックします。

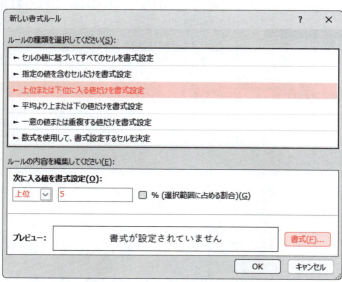

《新しい書式ルール》ダイアログボックスが表示されます。

⑥ 《ルールの種類を選択してください》が《上位または下位に入る値だけを書式設定》になっていることを確認します。
⑦ 《次に入る値を書式設定》の左のボックスが《上位》になっていることを確認します。
⑧ 右のボックスに「5」と入力します。
⑨ 《書式》をクリックします。

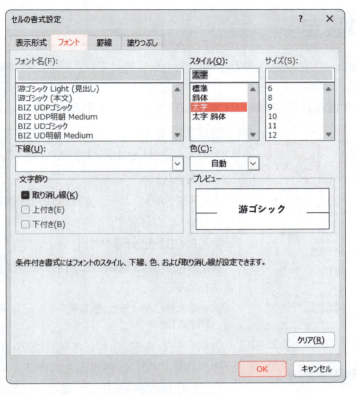

《セルの書式設定》ダイアログボックスが表示されます。

⑩《フォント》タブを選択します。

⑪《スタイル》の一覧から《太字》を選択します。

⑫《OK》をクリックします。

《新しい書式ルール》ダイアログボックスに戻ります。

※《プレビュー》に設定した書式が表示されます。

⑬《OK》をクリックします。

数値が大きいセル上位5件に、太字の書式が設定されます。

※セル範囲の選択を解除して、書式を確認しておきましょう。

5 アイコンセットの設定

「アイコンセット」を使うと、選択したセル範囲内で数値の大小を比較して、データの先頭にアイコンの図柄が表示されます。
「2018年→2023年」の「総数増減」に「3種類の三角形」のアイコンセットを設定しましょう。

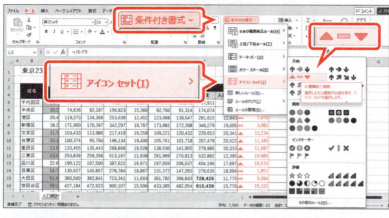

書式を設定するセル範囲を選択します。
①セル範囲【L5:L27】を選択します。
②《ホーム》タブを選択します。
③《スタイル》グループの《条件付き書式》をクリックします。
④《アイコンセット》をポイントします。
⑤《方向》の《3種類の三角形》をクリックします。
※一覧をポイントすると、設定後のイメージを画面で確認できます。

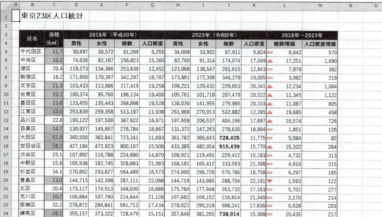

選択したセル範囲内で数値の大小が比較されて、アイコンが表示されます。
※セル範囲の選択を解除して、書式を確認しておきましょう。

STEP UP アイコンセットのルールの編集

アイコンセットのルールの内容を編集すると、アイコンの順序や各アイコンの値の範囲、図柄などを設定できます。各アイコンの値の範囲は、初期の設定では、1つ目のアイコンは全体の67%以上、2つ目のアイコンは全体の33%以上のように、全体に対するパーセント値になっています。《種類》を《数値》に変更すると、「100以上」「0.5以上」のように具体的な値で設定できます。
アイコンセットのルールの内容を編集する方法は、次のとおりです。

◆セル範囲を選択→《ホーム》タブ→《スタイル》グループの《条件付き書式》→《アイコンセット》→《その他のルール》

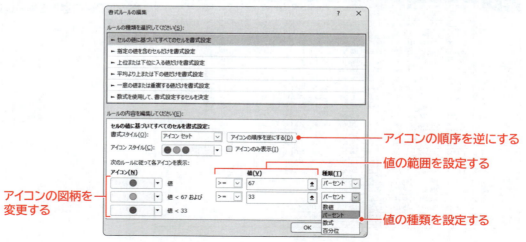

 **ためしてみよう**

「2018年→2023年」の「人口密度増減」に「3つの信号（枠なし）」のアイコンセットを設定しましょう。

①セル範囲【M5：M27】を選択
②《ホーム》タブを選択
③《スタイル》グループの《条件付き書式》をクリック
④《アイコンセット》をポイント
⑤《図形》の《3つの信号（枠なし）》（左から1番目、上から1番目）をクリック

※ブックに「表の視覚化とルールの設定-1完成」と名前を付けて、フォルダー「第2章」に保存し、閉じておきましょう。

POINT データバー

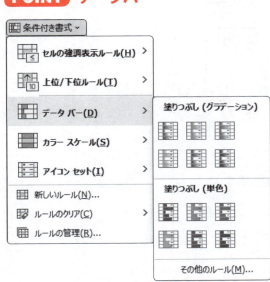

「データバー」を使うと、選択したセル範囲内で数値の大小を比較したバー（棒）が表示されます。
データバーを設定する方法は、次のとおりです。

◆セル範囲を選択→《ホーム》タブ→《スタイル》グループの《条件付き書式》→《データバー》→一覧から選択

データバーの色や方向などのルールの内容を編集することもできます。
データバーのルールの内容を編集する方法は、次のとおりです。

◆セル範囲を選択→《ホーム》タブ→《スタイル》グループの《条件付き書式》→《データバー》→《その他のルール》

POINT カラースケール

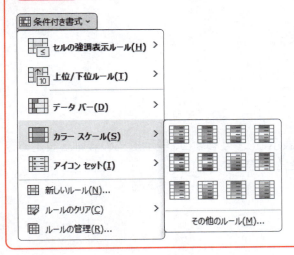

「カラースケール」を使うと、選択したセル範囲内で数値の大小を比較して、セルが色分けされます。
カラースケールを設定する方法は、次のとおりです。

◆セル範囲を選択→《ホーム》タブ→《スタイル》グループの《条件付き書式》→《カラースケール》→一覧から選択

色を付ける数値の範囲やセルの色などのルールの内容を編集することもできます。
カラースケールのルールの内容を編集する方法は、次のとおりです。

◆セル範囲を選択→《ホーム》タブ→《スタイル》グループの《条件付き書式》→《カラースケール》→《その他のルール》

STEP 3 ユーザー定義の表示形式を設定する

1 表示形式

セルの表示形式を設定すると、データが見やすくなります。よく使われる表示形式は、《ホーム》タブの《数値》グループに用意されています。表示形式を設定しても、セルに格納されている値は変更されません。

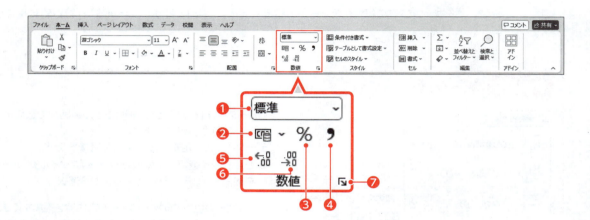

❶ **数値の書式**
通貨や日付、時刻など数値の表示形式を選択します。

❷ **通貨表示形式**
通貨の表示形式を設定します。

❸ **パーセントスタイル**
数値をパーセントで表示します。

❹ **桁区切りスタイル**
3桁区切りカンマを設定します。

❺ **小数点以下の表示桁数を増やす**
小数点以下の表示桁数を1桁ずつ増やします。

❻ **小数点以下の表示桁数を減らす**
小数点以下の表示桁数を1桁ずつ減らします。

❼ **表示形式**
日付を元号で表示したり、マイナスを▲で表示したりするなど、表示形式の詳細を設定できます。また、独自に表示形式を定義することもできます。

2 ユーザー定義の表示形式

ユーザーが独自に表示形式を定義することができます。数値に単位を付けて表示したり、日付に曜日を付けて表示したりして、シート上の見え方を変更できます。

●数値の表示形式

表示形式	入力データ	表示結果	備考
#,##0	12300	12,300	3桁ごとに「,（カンマ）」で区切って表示し、「0」の場合は「0」を表示します。
	0	0	
#,###	12300	12,300	3桁ごとに「,（カンマ）」で区切って表示し、「0」の場合は空白を表示します。
	0	空白	
0.000	9.8765	9.877	小数点以下を指定した桁数分表示します。指定した桁数を超えた場合は四捨五入し、足りない場合は「0」を表示します。
	9.8	9.800	
#.###	9.8765	9.877	小数点以下を指定した桁数分表示します。指定した桁数を超えた場合は四捨五入し、足りない場合はそのまま表示します。
	9.8	9.8	
#,##0,	12300000	12,300	百の位を四捨五入し、千単位で表示します。
#,##0"人"	12300	12,300人	3桁ごとに「,（カンマ）」で区切り、数値の右に「人」を付けて表示します。
"第"#"会議室"	2	第2会議室	数値の左に「第」、右に「会議室」を付けて表示します。

●日付の表示形式

表示形式	入力データ	表示結果	備考
yyyy/m/d	2025/4/1	2025/4/1	
yyyy/mm/dd	2025/4/1	2025/04/01	月日が1桁の場合、「0」を付けて表示します。
yyyy/m/d ddd	2025/4/1	2025/4/1 Tue	
yyyy/m/d (ddd)	2025/4/1	2025/4/1(Tue)	
yyyy/m/d dddd	2025/4/1	2025/4/1 Tuesday	
yyyy"年"m"月"d"日"	2025/4/1	2025年4月1日	
yyyy"年"mm"月"dd"日"	2025/4/1	2025年04月01日	月日が1桁の場合、「0」を付けて表示します。
ggge"年"m"月"d"日"	2025/4/1	令和7年4月1日	元号で表示します。
m"月"d"日"	2025/4/1	4月1日	
m"月"d"日" aaa	2025/4/1	4月1日 火	
m"月"d"日"(aaa)	2025/4/1	4月1日(火)	
m"月"d"日" aaaa	2025/4/1	4月1日 火曜日	

●文字列の表示形式

表示形式	入力データ	表示結果	備考
@"御中"	花丸商事	花丸商事御中	入力した文字列の右に「御中」を付けて表示します。
"タイトル:"@	山	タイトル:山	入力した文字列の左に「タイトル:」を付けて表示します。

1 数値の先頭に0を表示

標準の表示形式では、セルに「0001」と入力しても、「1」しか表示されません。表示形式を設定すると、数値の先頭に指定した桁数分の「0」を表示できます。
セル【G2】の「1」が「0001」と表示されるように、表示形式を設定しましょう。

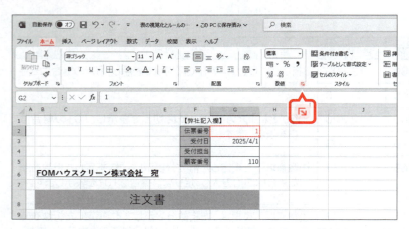

①セル【G2】をクリックします。
②《ホーム》タブを選択します。
③《数値》グループの（表示形式）をクリックします。

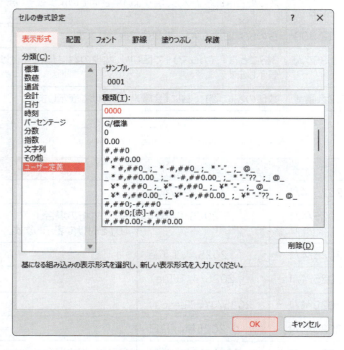

《セルの書式設定》ダイアログボックスが表示されます。
④《表示形式》タブを選択します。
⑤《分類》の一覧から《ユーザー定義》を選択します。
⑥《種類》に「0000」と入力します。

※「0」は桁数を意味します。入力する数値が「0」でも、指定した桁数分の「0」を表示します。
※《サンプル》に設定した表示形式が表示されます。

⑦《OK》をクリックします。

「0001」と表示されます。

STEP UP　その他の方法（表示形式の設定）

◆セルを選択→《ホーム》タブ→《セル》グループの《書式》→《セルの書式設定》→《表示形式》タブ

◆セルを右クリック→《セルの書式設定》→《表示形式》タブ

◆セルを選択→ Ctrl + 1 →《表示形式》タブ

2 数値に文字列を付けて表示

「No.1」や「1,000円」、「24m²」のように、数値に文字列を付けて表示できます。シート上の表示が変わっても、セルに格納されている数値は変わりません。
セル【G5】の「110」が「K-0110」と表示されるように、表示形式を設定しましょう。

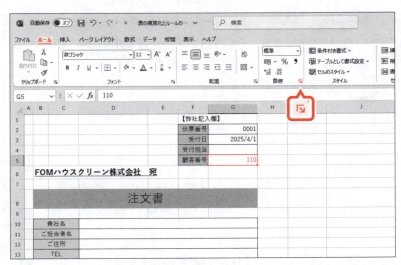

①セル【G5】をクリックします。
②《ホーム》タブを選択します。
③《数値》グループの[ ]（表示形式）をクリックします。

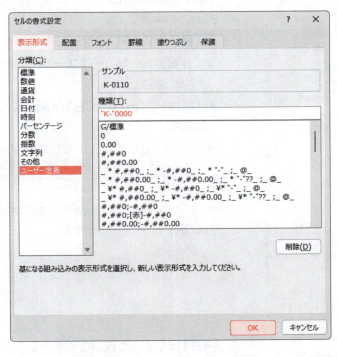

《セルの書式設定》ダイアログボックスが表示されます。
④《表示形式》タブを選択します。
⑤《分類》の一覧から《ユーザー定義》を選択します。
⑥《種類》に「"K-"0000」と入力します。
※文字列は「"（ダブルクォーテーション）」で囲みます。
※《サンプル》に設定した表示形式が表示されます。
⑦《OK》をクリックします。

「K-0110」と表示されます。

3 曜日の表示

日付の表示形式を設定しましょう。
セル【G3】の「2025/4/1」が「4月1日(火)」と表示されるように、表示形式を設定しましょう。

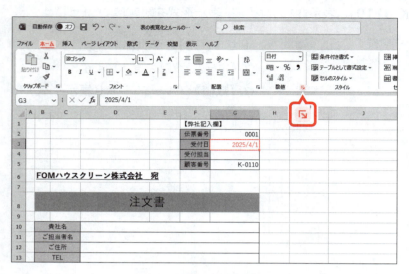

① セル【G3】をクリックします。
②《ホーム》タブを選択します。
③《数値》グループの（表示形式）をクリックします。

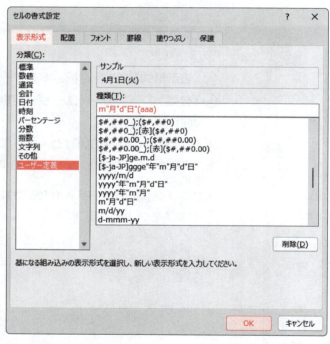

《セルの書式設定》ダイアログボックスが表示されます。
④《表示形式》タブを選択します。
⑤《分類》の一覧から《ユーザー定義》を選択します。
⑥《種類》に「m"月"d"日"(aaa)」と入力します。

※「m」は月、「d」は日、「aaa」は曜日の最初の1文字（月、火、水、木、金、土、日）を意味します。
※文字列は「"（ダブルクォーテーション）」で囲みます。
※《サンプル》に設定した表示形式が表示されます。

⑦《OK》をクリックします。

「4月1日(火)」と表示されます。

STEP 4 入力規則を設定する

1 入力規則

セルに「**入力規則**」を設定しておくと、入力時にメッセージを表示したり、無効なデータは入力できないように制限したりできます。入力規則を利用すると、入力ミスを軽減し、入力の効率を上げることができます。
入力規則には、次のようなものがあります。

●セルを選択したときに、入力モードを設定する

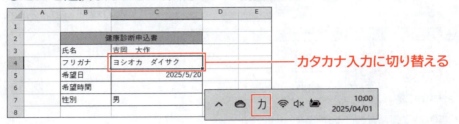
カタカナ入力に切り替える

●セルを選択したときに、メッセージを表示する

メッセージを表示する

●入力可能なデータの種類やデータの範囲を限定する

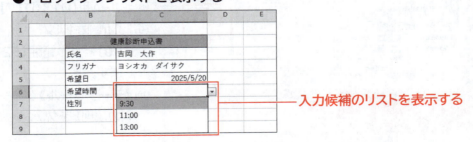
ある期間の日付しか入力できない

●ドロップダウンリストを表示する

入力候補のリストを表示する

●無効なデータが入力されたときに、エラーメッセージを表示する

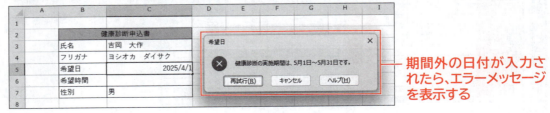
期間外の日付が入力されたら、エラーメッセージを表示する

2 日本語入力システムの切り替え

セルを選択したときに、日本語入力システムが自動的に切り替わるように、次の入力規則を設定しましょう。

> セル範囲【D10:D12】：日本語入力システム　オン
> セル範囲【D13:D17】、【C21:C30】、【F21:F30】：日本語入力システム　オフ

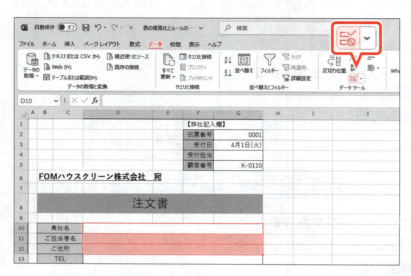

①セル範囲【D10:D12】を選択します。
②《データ》タブを選択します。
③《データツール》グループの《データの入力規則》をクリックします。

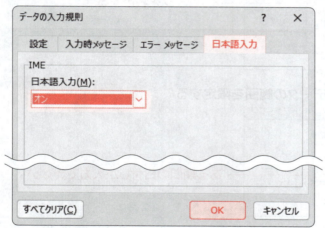

《データの入力規則》ダイアログボックスが表示されます。
④《日本語入力》タブを選択します。
⑤《日本語入力》の▼をクリックします。
⑥《オン》をクリックします。
⑦《OK》をクリックします。

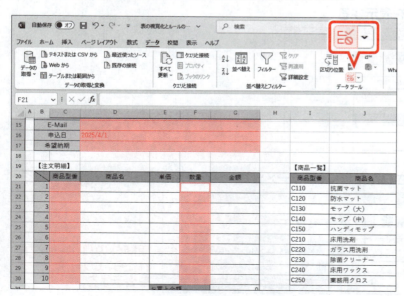

⑧セル範囲【D13:D17】を選択します。
⑨ Ctrl を押しながら、セル範囲【C21:C30】とセル範囲【F21:F30】を選択します。
⑩《データツール》グループの《データの入力規則》をクリックします。

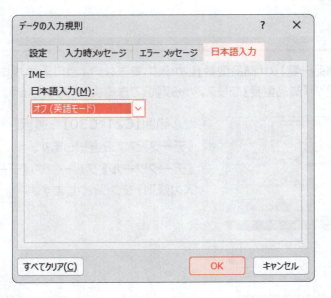

《データの入力規則》ダイアログボックスが表示されます。

⑪《日本語入力》タブを選択します。
⑫《日本語入力》の▼をクリックします。
⑬《オフ(英語モード)》をクリックします。
⑭《OK》をクリックします。

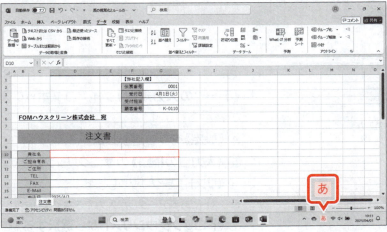

入力規則が設定されます。
⑮セル【D10】をクリックします。
※セル範囲【D10:D12】内のセルであれば、どこでもかまいません。
⑯入力モードが あ になることを確認します。

⑰セル【D13】をクリックします。
※セル範囲【D13:D17】、【C21:C30】、【F21:F30】内のセルであれば、どこでもかまいません。
⑱入力モードが A になることを確認します。

77

3 リストから選択

「商品型番」を入力する際、【商品一覧】の「商品型番」しか入力できないように入力規則を設定しましょう。また、【商品一覧】の「商品型番」をリストから選択できるようにしましょう。

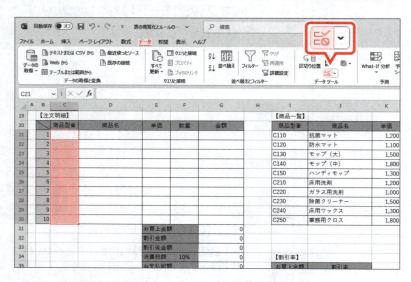

① セル範囲【C21:C30】を選択します。
② 《データ》タブを選択します。
③ 《データツール》グループの《データの入力規則》をクリックします。

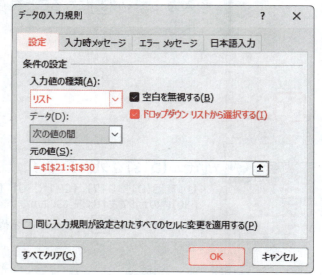

《データの入力規則》ダイアログボックスが表示されます。
④ 《設定》タブを選択します。
⑤ 《入力値の種類》の▼をクリックします。
⑥ 《リスト》をクリックします。
※リストにあるデータしか入力できなくなります。
⑦ 《ドロップダウンリストから選択する》を☑にします。
⑧ 《元の値》のボックスをクリックします。
⑨ セル範囲【I21:I30】を選択します。
《元の値》が「=$I$21:$I$30」になります。
⑩ 《OK》をクリックします。

入力規則が設定されます。
⑪ セル【C21】をクリックします。
セルの右側に▼が表示されます。
⑫ ▼をクリックし、任意の商品型番を選択します。
※「商品名」と「単価」のセルにはXLOOKUP関数が入力されています。「商品型番」を入力すると、「商品名」と「単価」が自動的に表示されます。

> **POINT　入力規則設定時の注意点**
> 入力規則は、データを入力する前に設定しておきます。
> データ入力後に設定しても、入力済みのセルの値を制限することはできません。

4 エラーメッセージの表示

「希望納期」に「申込日」の翌日以降でない日付を入力したとき、エラーメッセージが表示されるように入力規則を設定しましょう。

①セル【D17】をクリックします。
②《データ》タブを選択します。
③《データツール》グループの《データの入力規則》をクリックします。

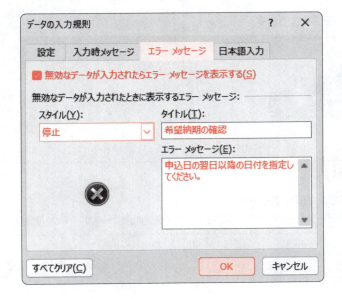

《データの入力規則》ダイアログボックスが表示されます。
④《設定》タブを選択します。
⑤《入力値の種類》の▼をクリックします。
⑥《日付》をクリックします。
⑦《データ》の▼をクリックします。
⑧《次の値以上》をクリックします。
⑨《開始日》のボックスをクリックします。
⑩セル【D16】をクリックします。
《開始日》に「=D16」と表示されます。
⑪《開始日》の「=D16」に続けて、「+1」と入力します。

⑫《エラーメッセージ》タブを選択します。
⑬《無効なデータが入力されたらエラーメッセージを表示する》を✓にします。
⑭《スタイル》の▼をクリックします。
⑮《停止》をクリックします。
⑯《タイトル》に「希望納期の確認」と入力します。
⑰《エラーメッセージ》に「申込日の翌日以降の日付を指定してください。」と入力します。
⑱《OK》をクリックします。

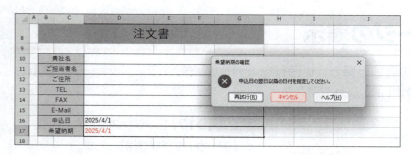

入力規則が設定されます。

⑲セル【D17】に「2025/4/1」と入力します。

《希望納期の確認》のメッセージが表示されます。

⑳《キャンセル》をクリックします。

日付は入力されません。

※「2025/4/2」以降の日付を入力すると、《希望納期の確認》のメッセージが表示されないことを確認しておきましょう。

STEP UP　エラーメッセージのスタイル

エラーメッセージには、次の3つのスタイルがあります。

❌ 停止
入力を停止するメッセージです。
無効なデータは入力できません。

⚠ 注意
注意を促すメッセージです。
《はい》をクリックすると、無効なデータを入力できます。

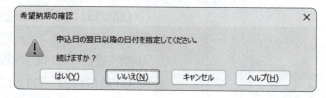

ⓘ 情報
情報を表示するメッセージです。
《OK》をクリックすると、無効なデータを入力できます。

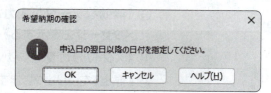

POINT　入力規則のクリア

設定した入力規則をクリアする方法は、次のとおりです。

◆セルを選択→《データ》タブ→《データツール》グループの《データの入力規則》→《すべてクリア》

STEP 5 メモやコメントを挿入する

1 メモとコメント

「メモ」や「コメント」を使うと、セルに注釈を付けることができます。
「メモ」は、セルの付せんのように表示されます。自分が作成中のブックに、あとで見直したい部分や注釈を残しておきたい部分があるときなどに便利です。
「コメント」は、複数のユーザー間で会話のようにやりとりできるスレッド形式で表示されます。ほかの人が作成したブックの内容に対して、修正してほしいことや気になった点を書き込んだり、書き込まれているコメントに対して修正・確認済みであることを伝えたりして、ほかの人と意見のやりとりをするときに便利です。

●メモ　　　　　　　　　　　　　　●コメント

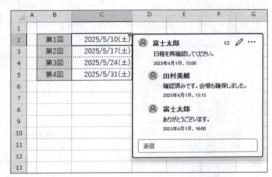

POINT メモとコメント

お使いの環境によっては、「メモ」が表示されない場合があります。その場合は、本書内の「メモ」が「コメント」に相当するので、「コメント」と読み替えて操作してください。

●Excel 2024のダウンロード版で《校閲》タブを表示した場合（2025年1月時点）

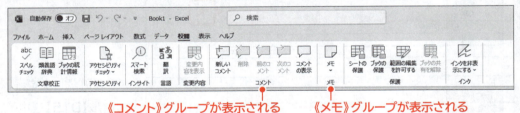

《コメント》グループが表示される　　　《メモ》グループが表示される

●Excel 2024のLTSC版で《校閲》タブを表示した場合（2025年1月時点）

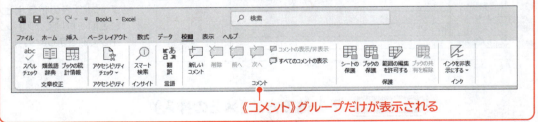

《コメント》グループだけが表示される

2 メモの挿入

セル【D15】に、「ご担当者様のE-Mailアドレスをご記入ください。」というメモを挿入しましょう。

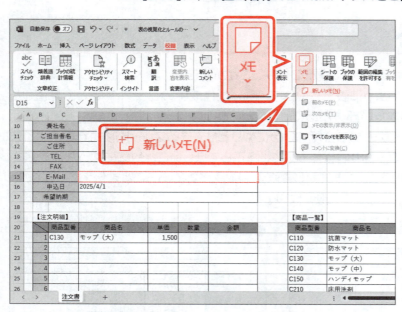

①セル【D15】をクリックします。
②《校閲》タブを選択します。
③《メモ》グループの《メモ》をクリックします。
※《メモ》グループが表示されていない場合は、《コメント》グループの《コメントの挿入》をクリックし、⑤に進みます。
④《新しいメモ》をクリックします。

⑤「ご担当者様のE-Mailアドレスをご記入ください。」と入力します。
※メモの1行目にはユーザー名が表示されます。

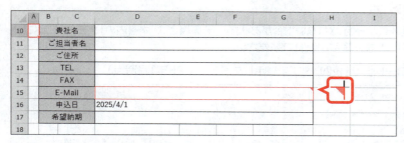

⑥メモ以外の場所をクリックします。
メモが確定し、セルの右上にインジケーターが表示されます。

メモを確認します。
⑦セル【D15】をポイントします。
メモが表示されます。
※ブックに「表の視覚化とルールの設定-2完成」と名前を付けて、フォルダー「第2章」に保存し、閉じておきましょう。

STEP UP その他の方法（メモの挿入）

◆ [Shift]+[F2]
◆ セルを右クリック→《新しいメモ》

※《メモ》グループが表示されていない場合
◆ セルを右クリック→《コメントの挿入》

STEP UP メモの編集

メモを編集する方法は、次のとおりです。
◆メモが挿入されているセルを選択→《校閲》タブ→《メモ》グループの《メモ》→《メモの編集》
◆メモが挿入されているセルを右クリック→《メモの編集》

※《メモ》グループが表示されていない場合
◆コメントが挿入されているセルを選択→《校閲》タブ→《コメント》グループの《コメントの編集》
◆コメントが挿入されているセルを右クリック→《コメントの編集》

STEP UP メモの削除

メモを削除する方法は、次のとおりです。
◆メモが挿入されているセルを右クリック→《メモの削除》

※《メモ》グループが表示されていない場合
◆コメントが挿入されているセルを右クリック→《コメントの削除》

POINT コメント

コメントを挿入するには、セルを選択して、《校閲》タブ→《コメント》グループの《新しいコメント》をクリックします。コメントは、内容を入力したら、《コメントを投稿する》をクリックして確定します。また、確定後のコメントに返信したり、スレッドを解決済みにしたりできます。

●コメント入力中・編集中

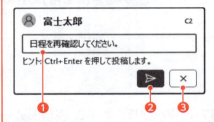

●コメント確定後

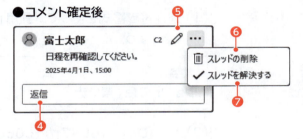

❶コメント
コメントの内容を入力します。

❷コメントを投稿する
入力したコメントを確定します。

❸キャンセル
入力したコメントをキャンセルします。

❹返信
挿入されているコメントに返信します。

❺コメントを編集
コメントを編集状態にします。

❻スレッドの削除
スレッドを削除します。

❼スレッドを解決する
スレッドを解決済みにします。解決済みにすると、コメントがグレーで表示されます。

STEP UP コメントの表示

《校閲》タブ→《コメント》グループの《コメントの表示》をクリックすると、《コメント》作業ウィンドウが表示され、シート内のすべてのコメントを一覧で表示できます。

《コメント》作業ウィンドウ

練習問題

あなたは、経理部に所属しており、社外講習会の受講申請フォームを作成することになりました。効率よく入力できるようにルールを設定します。
完成図のような表を作成しましょう。

● 完成図

① 条件付き書式を使って、「費用」が25,000以上の場合、「費用」のセルに次の書式を設定しましょう。

| 太字 |
| フォントの色：濃い赤 |

② セル【D4】の「6037」が「006037」と表示されるように、表示形式を設定しましょう。

③ セル【D6】の「2025」が「2025年度」と表示されるように、表示形式を設定しましょう。

④ 表内の「開催日」が「〇月〇日（〇）」と表示されるように、表示形式を設定しましょう。

⑤ 表内の「形態」を入力する際、セル範囲【K3:K4】のデータしか入力できないように入力規則を設定しましょう。リストから選択できるようにします。

⑥ 表内の「費用」を入力する際、50,000より小さい値しか入力できないように入力規則を設定しましょう。50,000以上の値を入力した場合、次のエラーメッセージが表示されるようにします。

| スタイル ： 注意 |
| タイトル ： 費用確認 |
| エラーメッセージ：費用が50,000円以上の場合、所属長の承認後、申請してください。 |

⑦ セル【C8】に、「「M/D」の形式で入力してください。」というメモを挿入しましょう。

※ブックに「第2章練習問題完成」と名前を付けて、フォルダー「第2章」に保存し、閉じておきましょう。

第 3 章

グラフの活用

この章で学ぶこと	⋯⋯⋯⋯⋯⋯	86
STEP 1 作成するブックを確認する	⋯⋯⋯⋯	87
STEP 2 複合グラフを作成する	⋯⋯⋯⋯	88
STEP 3 補助縦棒付き円グラフを作成する	⋯⋯⋯	104
STEP 4 スパークラインを作成する	⋯⋯⋯⋯	113
練習問題	⋯⋯⋯⋯⋯⋯⋯⋯	118

この章で学ぶこと

学習前に習得すべきポイントを理解しておき、
学習後には確実に習得できたかどうかを振り返りましょう。

第3章　グラフの活用

- ■ 複合グラフの作成手順を理解し、説明できる。　→ P.88　☑☑☑
- ■ 棒グラフと折れ線グラフなど、異なる種類のグラフを組み合わせた複合グラフを作成できる。　→ P.89　☑☑☑
- ■ グラフのもとになるセル範囲を変更して、データを追加できる。　→ P.92　☑☑☑
- ■ グラフにデータテーブルを表示できる。　→ P.94　☑☑☑
- ■ グラフに表示されるデータ系列の順番を変更できる。　→ P.95　☑☑☑
- ■ データ系列やプロットエリアなどのグラフ要素に書式を設定できる。　→ P.98　☑☑☑
- ■ 補助グラフ付き円グラフの作成手順を理解し、説明できる。　→ P.104　☑☑☑
- ■ 補助縦棒付き円グラフを作成できる。　→ P.106　☑☑☑
- ■ 補助グラフのデータの数を変更できる。　→ P.108　☑☑☑
- ■ 補助縦棒付き円グラフにデータラベルを表示できる。　→ P.109　☑☑☑
- ■ スパークラインで何ができるかを説明できる。　→ P.113　☑☑☑
- ■ セル内にスパークラインを作成できる。　→ P.114　☑☑☑
- ■ スパークラインの軸の最大値や最小値を設定できる。　→ P.115　☑☑☑
- ■ スパークラインの特定のデータを強調できる。　→ P.116　☑☑☑
- ■ スパークラインスタイルを適用できる。　→ P.117　☑☑☑

STEP 1 作成するブックを確認する

1 作成するブックの確認

次のようなブックを作成しましょう。

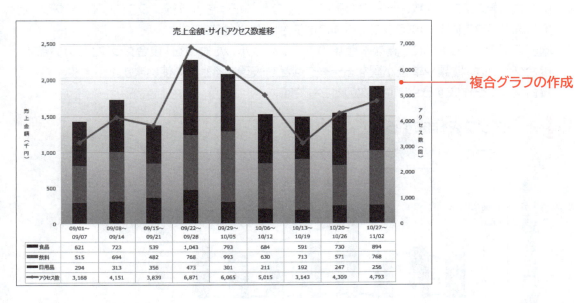

複合グラフの作成

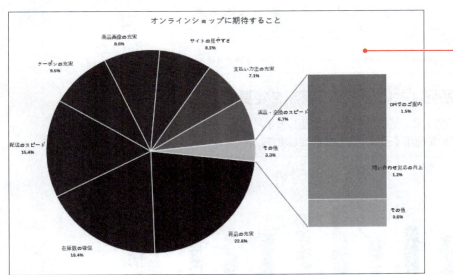

補助縦棒付き円グラフの作成

スパークラインの作成

STEP 2 複合グラフを作成する

1 複合グラフ

複数のデータ系列のうち、特定のデータ系列だけグラフの種類を変更できます。
例えば、棒グラフの複数のデータ系列のうち、ひとつだけを折れ線グラフにして、棒グラフと折れ線グラフを同一のグラフエリア内に混在させることができます。
同一のグラフエリア内に、異なる種類のグラフを表示したものを「**複合グラフ**」といいます。
複合グラフは、種類や単位が異なるデータなどを表現するときに使います。
複合グラフを作成する手順は、次のとおりです。

1 グラフを作成する

グラフのもとになるデータの範囲を選択してグラフを作成します。

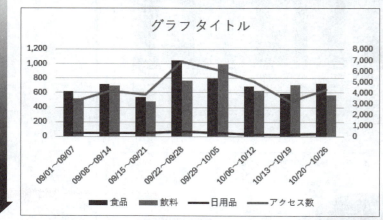

2 データ系列ごとにグラフの種類を変更する

データ系列ごとに、グラフの種類を変更します。
また、第2軸を使用する系列などを設定します。

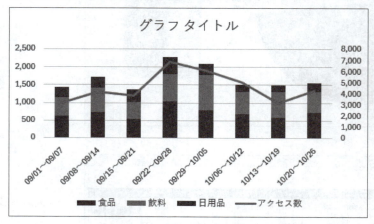

STEP UP 複合グラフを作成できるグラフの種類

2-D（平面）の縦棒グラフ・折れ線グラフ・散布図・面グラフなどは、それぞれ組み合わせて複合グラフを作成できますが、3-D（立体）のグラフは複合グラフを作成できません。

2 複合グラフの作成

OPEN グラフの活用-1

「食品」「飲料」「日用品」の売上金額と「アクセス数」の回数をグラフにします。売上金額と回数は単位が異なるため、売上金額を積み上げ縦棒グラフ、回数を折れ線グラフとする複合グラフを作成して視覚化しましょう。

1 グラフの作成

セル範囲【B5:E13】とセル範囲【G5:G13】のデータをもとに、複合グラフを作成しましょう。

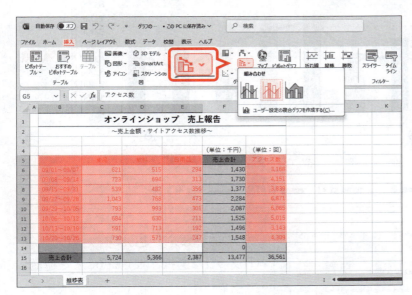

①セル範囲【B5:E13】を選択します。
②**Ctrl**を押しながら、セル範囲【G5:G13】を選択します。
③《挿入》タブを選択します。
④《グラフ》グループの《複合グラフの挿入》をクリックします。
⑤《組み合わせ》の《集合縦棒-第2軸の折れ線》をクリックします。

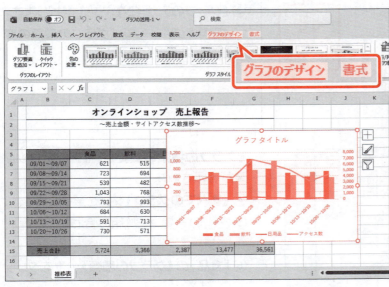

複合グラフが作成され、「**食品**」と「**飲料**」が縦棒、「**日用品**」と「**アクセス数**」が折れ線で表示されます。

※「日用品」と「アクセス数」の数値データの差が大きいため、「日用品」の期間ごとのデータ系列の差がほとんど表示されません。

リボンに《グラフのデザイン》タブと《書式》タブが表示されます。

※《グラフのデザイン》タブと《書式》タブが表示されない場合は、グラフをクリックして選択しましょう。

89

2 グラフの種類の変更と第2軸の設定

縦棒グラフや折れ線グラフ、面グラフでは、左側に表示される値軸「**主軸**」のほかに、右側に表示される値軸「**第2軸**」を使ってデータ系列を表示できます。
作成したグラフは「**食品**」と「**飲料**」が集合縦棒グラフ、「**日用品**」と「**アクセス数**」が折れ線グラフで表示されています。全体の売上が表示されるように、「**食品**」「**飲料**」「**日用品**」を積み上げ縦棒グラフに変更しましょう。

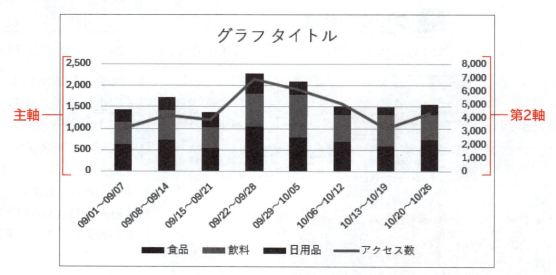

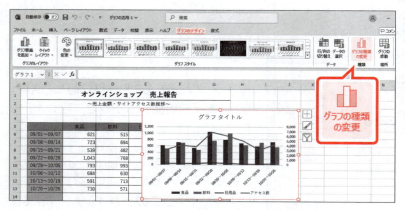

グラフの種類を変更します。

① グラフが選択されていることを確認します。

②《**グラフのデザイン**》タブを選択します。

③《**種類**》グループの《**グラフの種類の変更**》をクリックします。

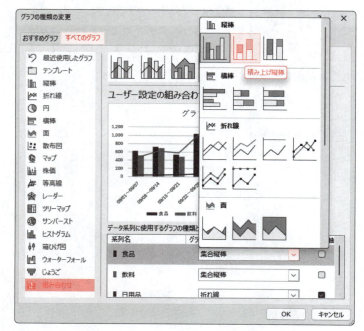

《**グラフの種類の変更**》ダイアログボックスが表示されます。

④《**すべてのグラフ**》タブを選択します。

⑤ 左側の一覧から《**組み合わせ**》を選択します。

⑥「**食品**」の《**グラフの種類**》の▼をクリックします。

⑦《**縦棒**》の《**積み上げ縦棒**》をクリックします。

⑧「**飲料**」の《**グラフの種類**》も《**積み上げ縦棒**》に自動的に変更されたことを確認します。

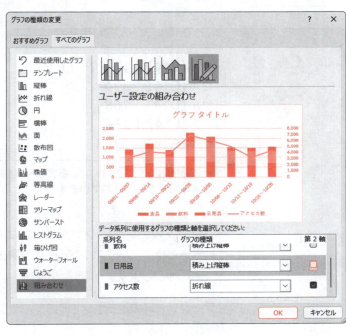

⑨「日用品」の《グラフの種類》の▼をクリックします。
⑩《縦棒》の《積み上げ縦棒》をクリックします。

⑪「日用品」の《第2軸》を☐にします。
⑫プレビューのグラフを確認します。
⑬《OK》をクリックします。

「食品」「飲料」「日用品」が積み上げ縦棒グラフに変更されます。
※主軸がデータ系列に最適な目盛に自動で調整されます。

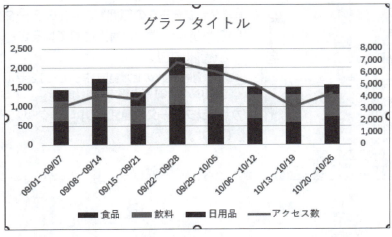

STEP UP その他の方法（グラフの種類の変更）

◆データ系列を右クリック→《系列グラフの種類の変更》

3 もとになるセル範囲の変更

グラフを作成したあとに、グラフのもとになるセル範囲を変更できます。
表に「10/27～11/02」のデータを追加し、グラフに反映させましょう。

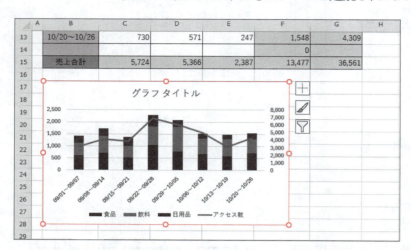

①データを入力するセル範囲【B14:G14】とグラフの両方が見やすいように、グラフを移動します。

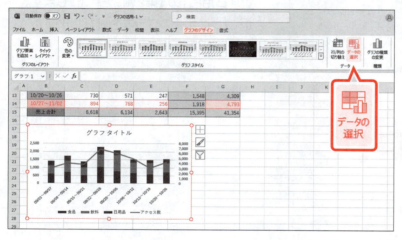

②次のデータを入力します。

セル【B14】	：10/27～11/02
セル【C14】	：894
セル【D14】	：768
セル【E14】	：256
セル【G14】	：4793

※セル範囲【C14:G14】には、桁区切りスタイルの表示形式が設定されています。

③グラフを選択します。
④《グラフのデザイン》タブを選択します。
⑤《データ》グループの《データの選択》をクリックします。

《データソースの選択》ダイアログボックスが表示されます。

⑥《グラフデータの範囲》に現在のデータ範囲が表示され、選択されていることを確認します。

※シート「推移表」のセル範囲【B5:E13】とセル範囲【G5:G13】が点線で囲まれます。

⑦《グラフデータの範囲》の ↑ をクリックします。

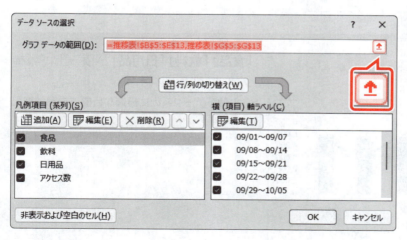

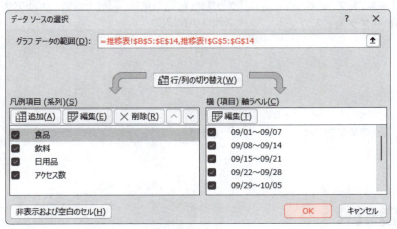

《データソースの選択》ダイアログボックスが縮小されます。

⑧セル範囲【B5:E14】を選択します。

※セル範囲が隠れている場合は、ダイアログボックスのタイトルバーをドラッグして移動します。

⑨ Ctrl を押しながら、セル範囲【G5:G14】を選択します。

⑩ をクリックします。

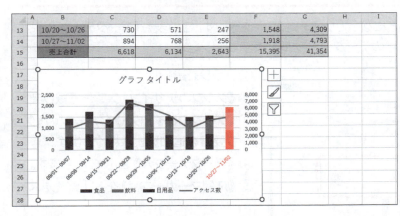

《データソースの選択》ダイアログボックスが元のサイズに戻ります。

⑪《グラフデータの範囲》に「=推移表!$B$5:$E$14,推移表!$G$5:$G$14」と表示されていることを確認します。

※横(項目)軸ラベルに「10/27～11/02」が追加されます。スクロールして確認しておきましょう。

⑫《OK》をクリックします。

追加した「10/27～11/02」のデータがグラフに反映されます。

POINT 色枠の利用

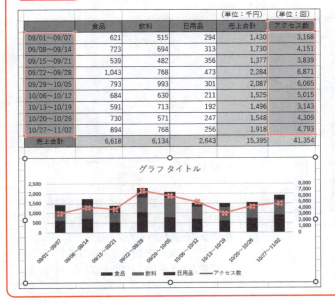

グラフのデータ系列を選択すると、グラフのもとになっているセル範囲が色枠で囲まれて表示されます。色枠をドラッグすると、もとになるセル範囲を変更できます。

色枠の線をマウスポインターの形が の状態でドラッグすると、もとになるセル範囲を移動できます。

色枠の角の■をマウスポインターの形が や の状態でドラッグすると、もとになるセル範囲を変更できます。

ためしてみよう

① シート上のグラフをグラフシートに移動しましょう。グラフシートの名前は「推移グラフ」にします。
② グラフエリアのフォントを「Meiryo UI」に変更しましょう。
③ グラフタイトルに、「売上金額・サイトアクセス数推移」と入力しましょう。

①
① グラフを選択
②《グラフのデザイン》タブを選択
③《場所》グループの《グラフの移動》をクリック
④《新しいシート》を●にし、「推移グラフ」と入力
⑤《OK》をクリック

②
① グラフエリアをクリック
②《ホーム》タブを選択
③《フォント》グループの《フォント》の▼をクリック
④《Meiryo UI》をクリック

③
① グラフタイトルをクリック
② グラフタイトルを再度クリック
③「グラフタイトル」を削除し、「売上金額・サイトアクセス数推移」と入力
④ グラフタイトル以外の場所をクリック

4 グラフ要素の表示

グラフエリアにグラフのもとになっている表を表示できます。この表を「**データテーブル**」といいます。「凡例マーカーあり」のデータテーブルを表示しましょう。

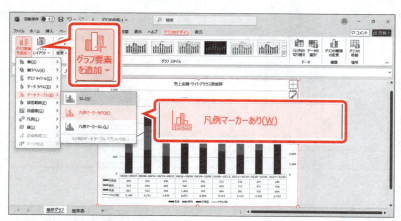

① グラフを選択します。
②《グラフのデザイン》タブを選択します。
③《グラフのレイアウト》グループの《グラフ要素を追加》をクリックします。
④《データテーブル》をポイントします。
⑤《凡例マーカーあり》をクリックします。

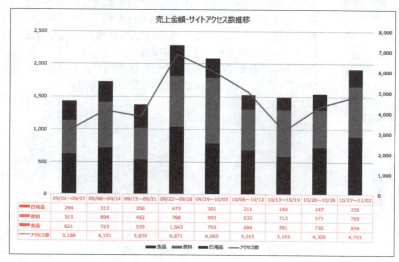

データテーブルが表示されます。

POINT データテーブルの非表示

データテーブルを非表示にする方法は、次のとおりです。

◆グラフを選択→《グラフのデザイン》タブ→《グラフのレイアウト》グループの《グラフ要素を追加》→《データテーブル》→《なし》

5 データ系列の順番の変更

グラフに表示されるデータ系列の順番は変更できます。グラフのデータ系列の順番を変更しても、もとの表の項目の順番は変更されません。
グラフの上から**「日用品」「飲料」「食品」**の順番に表示されている積み上げ縦棒グラフを、**「食品」「飲料」「日用品」**の順番に表示されるようにデータ系列の順番を変更しましょう。

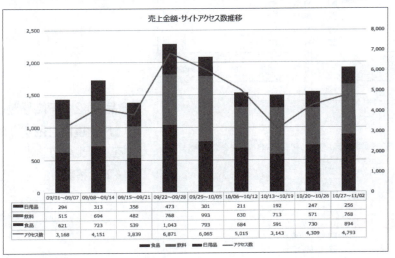

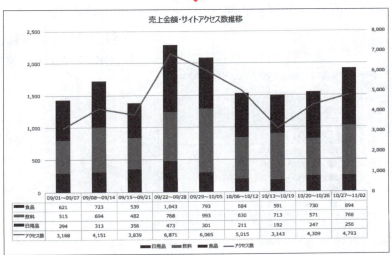

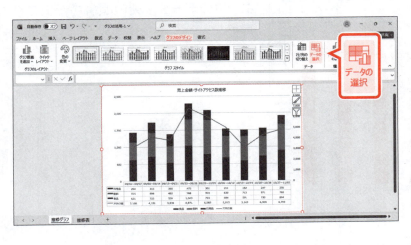

①グラフを選択します。
②《グラフのデザイン》タブを選択します。
③《データ》グループの《データの選択》をクリックします。

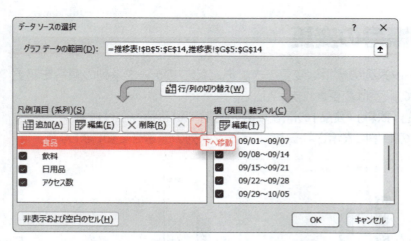

《データソースの選択》ダイアログボックスが表示されます。

④《凡例項目(系列)》の一覧から「食品」を選択します。

⑤《下へ移動》を2回クリックします。

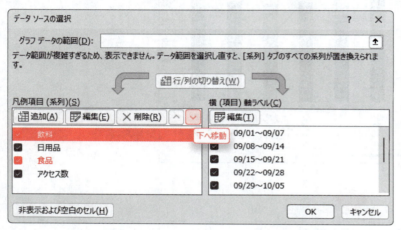

「食品」が2つ下に移動します。

⑥《凡例項目(系列)》の一覧から「飲料」を選択します。

⑦《下へ移動》を1回クリックします。

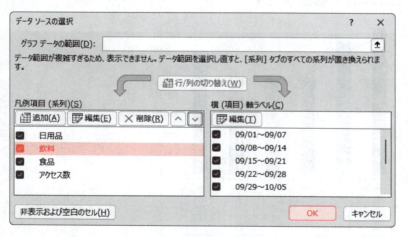

「飲料」が1つ下に移動します。

⑧《OK》をクリックします。

グラフのデータ系列の順番が変更されます。

Let's Try ためしてみよう

① 凡例を非表示にしましょう。
② 主軸に軸ラベルを垂直に配置し、「売上金額（千円）」と入力しましょう。文字の方向は縦書きにします。
③ 第2軸に軸ラベルを垂直に配置し、「アクセス数（回）」と入力しましょう。文字の方向は縦書きにします。

HINT 文字の方向を縦書きにするには、《ホーム》タブ→《配置》グループの《方向》を使います。

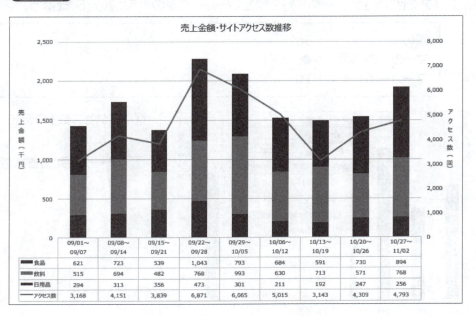

①

① グラフを選択
②《グラフのデザイン》タブを選択
③《グラフのレイアウト》グループの《グラフ要素を追加》をクリック
④《凡例》をポイント
⑤《なし》をクリック

②

① グラフを選択
②《グラフのデザイン》タブを選択
③《グラフのレイアウト》グループの《グラフ要素を追加》をクリック
④《軸ラベル》をポイント
⑤《第1縦軸》をクリック
⑥ 軸ラベルが選択されていることを確認
⑦ 軸ラベルをクリック
⑧「軸ラベル」を削除し、「売上金額（千円）」と入力
⑨《ホーム》タブを選択
⑩《配置》グループの《方向》をクリック
⑪《縦書き》をクリック
⑫ 軸ラベル以外の場所をクリック

③

① グラフを選択
②《グラフのデザイン》タブを選択
③《グラフのレイアウト》グループの《グラフ要素を追加》をクリック
④《軸ラベル》をポイント
⑤《第2縦軸》をクリック
⑥ 軸ラベルが選択されていることを確認
⑦ 軸ラベルをクリック
⑧「軸ラベル」を削除し、「アクセス数（回）」と入力
⑨《ホーム》タブを選択
⑩《配置》グループの《方向》をクリック
⑪《縦書き》をクリック
⑫ 軸ラベル以外の場所をクリック

6 グラフ要素の書式設定

グラフの各要素の書式を設定しましょう。

1 線とマーカーの設定

「アクセス数」のデータ系列の線とマーカーを次のように設定しましょう。

線の幅	：3pt
マーカーの種類	：◆
マーカーのサイズ	：10

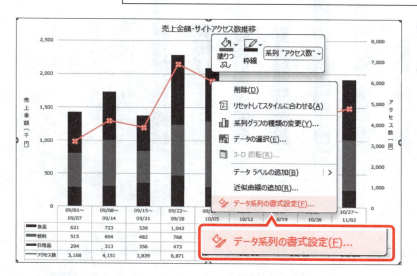

①「アクセス数」のデータ系列を右クリックします。
②《データ系列の書式設定》をクリックします。

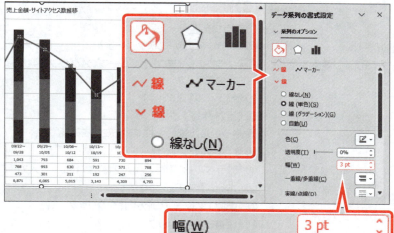

《データ系列の書式設定》作業ウィンドウが表示されます。
③ （塗りつぶしと線）をクリックします。
④《線》をクリックします。
⑤《線》の詳細が表示されていることを確認します。
※表示されていない場合は、《線》をクリックします。
⑥《幅》を「3pt」に設定します。

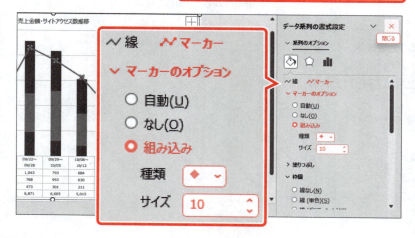

⑦《マーカー》をクリックします。
⑧《マーカーのオプション》をクリックします。
《マーカーのオプション》の詳細が表示されます。
⑨《組み込み》を◉にします。
⑩《種類》の▼をクリックします。
⑪《◆》をクリックします。
⑫《サイズ》を「10」に設定します。
⑬《閉じる》をクリックします。

線とマーカーが設定されます。

※データ系列以外の場所をクリックして選択を解除し、マーカーを確認しておきましょう。

STEP UP その他の方法（グラフ要素の書式設定）

◆グラフ要素を選択→《書式》タブ→《現在の選択範囲》グループの《選択対象の書式設定》

◆グラフ要素をダブルクリック

POINT グラフ要素の作業ウィンドウ

選択しているグラフ要素によって、作業ウィンドウの表示が変わります。
作業ウィンドウの表示内容は、次のとおりです。
※お使いの環境によっては、表示が異なる場合があります。

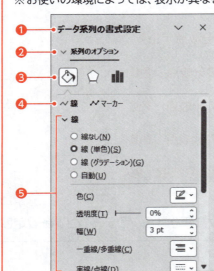

❶ 作業ウィンドウの名称が表示されます。
ドラッグすると作業ウィンドウが移動します。

❷ 選択しているグラフ要素のオプションが表示されます。
オプションが複数ある場合は、選択して切り替えます。

❸ 設定内容が表示されます。
選択しているグラフ要素やオプションによって、表示されるアイコンが変わります。

❹ 関連する設定ごとに設定項目が分類されている場合があります。

❺ 設定項目の詳細が表示されます。
設定項目をクリックすると詳細が折りたたまれたり、展開したりします。

STEP UP グラフ要素の選択

グラフ要素が小さくて選択しにくい場合は、リボンを使って選択します。
リボンを使ってグラフ要素を選択する方法は、次のとおりです。

◆グラフを選択→《書式》タブ→《現在の選択範囲》グループの《グラフ要素》の▼→一覧から選択

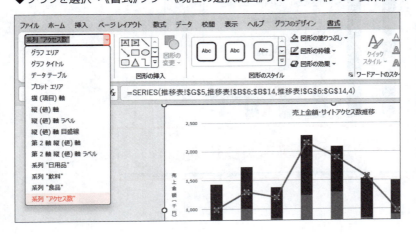

2 グラデーションの設定

グラフ要素は単色で塗りつぶすだけでなく、複数の色を組み合わせたグラデーションで塗りつぶすこともできます。
Excelで扱うグラデーションは、「**分岐点**」と呼ばれる地点で色を管理しています。分岐点を追加したり削除したりして、微妙な色の変化を出すことができます。
※グラフ要素によっては、その特性上、グラデーションを設定できないものもあります。

●2色のグラデーションの例

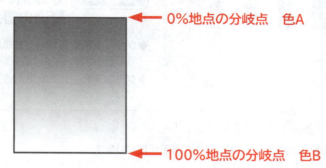

●多色のグラデーションの例

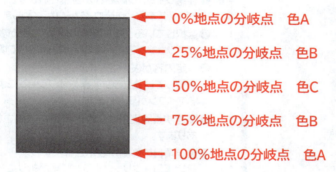

プロットエリアに、白色から灰色に徐々に変化するグラデーションを設定しましょう。

```
0％地点の分岐点　　　：白、背景1
100％地点の分岐点：白、背景1、黒＋基本色25％
```

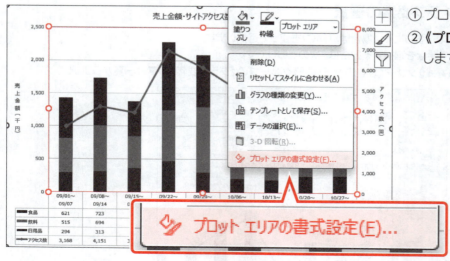

①プロットエリアを右クリックします。
②《プロットエリアの書式設定》をクリックします。

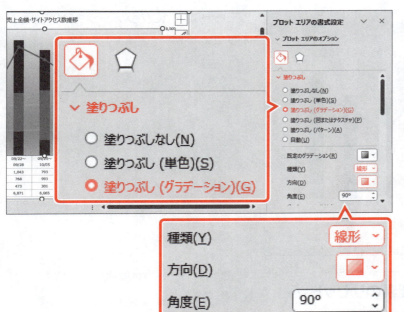

《プロットエリアの書式設定》作業ウィンドウが表示されます。

③ (塗りつぶしと線)をクリックします。
④《塗りつぶし》をクリックします。

《塗りつぶし》の詳細が表示されます。

⑤《塗りつぶし(グラデーション)》を◉にします。

グラデーションの種類を選択します。

⑥《種類》の▼をクリックします。
⑦《線形》をクリックします。

色が変化する方向を選択します。

⑧《方向》の (方向)をクリックします。
⑨《下方向》(左から2番目、上から1番目)をクリックします。

※《種類》を《線形》、《方向》を《下方向》に設定すると、《角度》が「90°」になります。

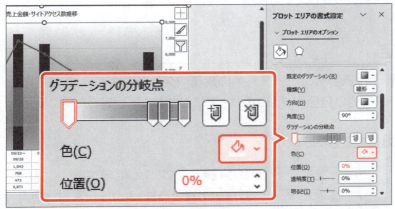

0%地点の分岐点の色を設定します。

⑩《グラデーションの分岐点》の左の (分岐点1/4)をクリックします。
⑪《位置》が「0%」になっていることを確認します。
⑫《色》の (色)をクリックします。
⑬《テーマの色》の《白、背景1》(左から1番目、上から1番目)をクリックします。

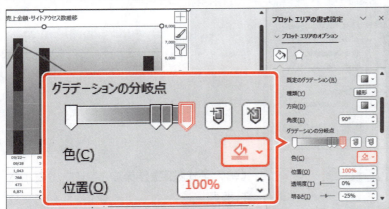

100%地点の分岐点の色を設定します。

⑭《グラデーションの分岐点》の右の (分岐点4/4)をクリックします。
⑮《位置》が「100%」になっていることを確認します。
⑯《色》の (色)をクリックします。
⑰《テーマの色》の《白、背景1、黒+基本色25%》(左から1番目、上から4番目)をクリックします。

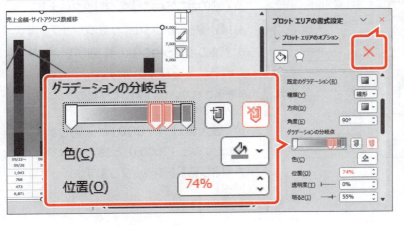

不要な分岐点を削除します。

⑱《グラデーションの分岐点》の左から2番目の (分岐点2/4)をクリックします。
⑲《位置》が「0%」「100%」以外になっていることを確認します。
⑳ (グラデーションの分岐点を削除します)をクリックします。
㉑同様に、左から2番目の (分岐点2/3)を削除します。
㉒《閉じる》をクリックします。

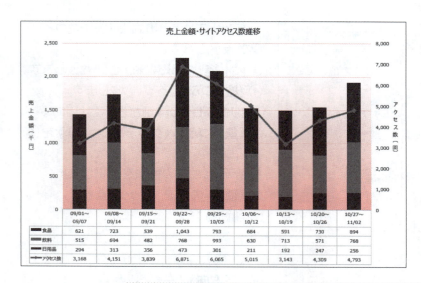

プロットエリアにグラデーションが設定されます。

STEP UP グラフ要素のリセット

グラフの各要素を標準の書式に戻す方法は、次のとおりです。
◆グラフ要素を右クリック→《リセットしてスタイルに合わせる》

3 値軸の書式設定

数値軸の最小値・最大値・目盛間隔は、データ系列の数値やグラフのサイズに応じて自動的に調整されますが、データ系列の数値やグラフのサイズにかかわらず固定した値に変更できます。
第2軸の最大値を「7,000」に変更しましょう。

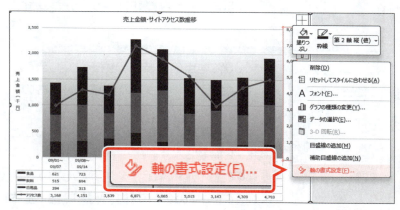

①第2軸を右クリックします。
②《軸の書式設定》をクリックします。

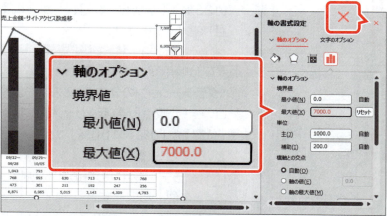

《軸の書式設定》作業ウィンドウが表示されます。

③《軸のオプション》をクリックします。
④ 📊 (軸のオプション)をクリックします。
⑤《軸のオプション》の詳細が表示されていることを確認します。
※表示されていない場合は、《軸のオプション》をクリックします。
⑥《最大値》に「7000」と入力します。
※確定すると、「7000.0」と表示されます。
⑦《閉じる》をクリックします。

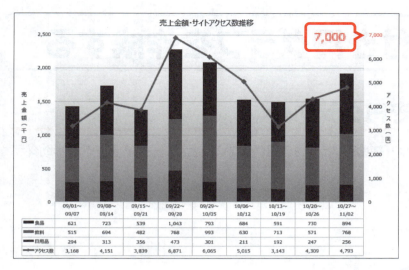

第2軸の最大値が「**7,000**」になります。

STEP UP 最小値や最大値のリセット

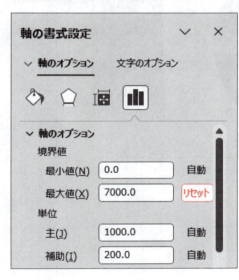

《軸の書式設定》作業ウィンドウの《軸のオプション》で最小値や最大値などに固定の値を入力すると、テキストボックスの右側に《リセット》が表示されます。固定の値を解除し、自動調整に戻すには、《リセット》をクリックします。

ためしてみよう
グラフエリアのフォントサイズを「9」、グラフタイトルのフォントサイズを「14」に変更しましょう。

Answer
① グラフエリアをクリック
②《ホーム》タブを選択
③《フォント》グループの《フォントサイズ》の▼をクリック
④《9》をクリック
⑤ グラフタイトルをクリック
⑥《フォント》グループの《フォントサイズ》の▼をクリック
⑦《14》をクリック

※ブックに「グラフの活用-1完成」と名前を付けて、フォルダー「第3章」に保存し、閉じておきましょう。

STEP 3 補助縦棒付き円グラフを作成する

1 補助グラフ付き円グラフ

「補助縦棒付き円グラフ」や「補助円グラフ付き円グラフ」を使うと、一部のデータを補助グラフの中に詳しく表示できます。

●補助縦棒付き円グラフ

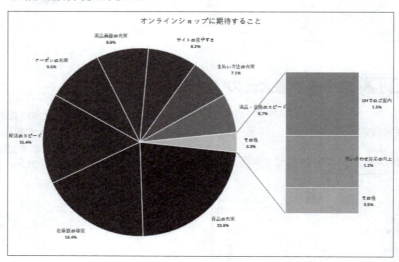

●補助円グラフ付き円グラフ

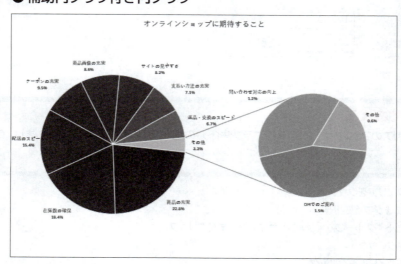

補助グラフ付き円グラフを作成する手順は、次のとおりです。

1 もとになるデータを適切に並べ替える

初期の設定では、もとになるセル範囲の下の部分が補助グラフとして表示されます。グラフにするデータを適切に並べ替えます。

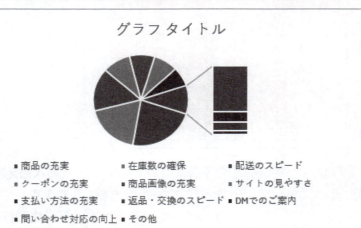

2 補助グラフ付き円グラフを作成する

もとになるセル範囲を選択して、補助グラフ付き円グラフを作成します。

3 補助グラフのデータの個数を設定する

補助グラフに表示するデータの個数を設定します。

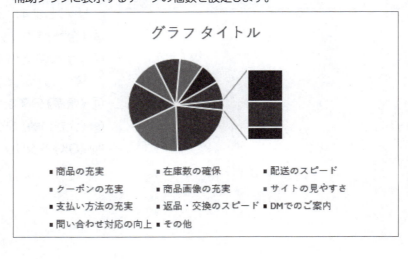

2 補助縦棒付き円グラフの作成

アンケート結果の割合を表すグラフを作成します。項目が多いため、値の小さい項目も判別しやすいように、補助縦棒付き円グラフを作成しましょう。

1 並べ替え

「**合計**」のデータのうち、値が小さいものが補助グラフに表示されるようにします。
「**合計**」の列をキーに、表を降順に並べ替えましょう。

①セル範囲【B4:H15】を選択します。
※表の下側に年代ごとの「合計」のデータが含まれているため、並べ替えるセル範囲が自動的に認識されません。対象のセル範囲を選択します。
②《**データ**》タブを選択します。
③《**並べ替えとフィルター**》グループの《**並べ替え**》をクリックします。

《**並べ替え**》ダイアログボックスが表示されます。
④《**先頭行をデータの見出しとして使用する**》が☑になっていることを確認します。
⑤《**列**》の《**最優先されるキー**》の▼をクリックします。
⑥「**合計**」をクリックします。
⑦《**並べ替えのキー**》が《**セルの値**》になっていることを確認します。
⑧《**順序**》の▼をクリックします。
⑨《**大きい順**》をクリックします。
⑩《**OK**》をクリックします。

表が並び替わります。

2 グラフの作成

並べ替えたデータをもとに、補助縦棒付き円グラフを作成しましょう。

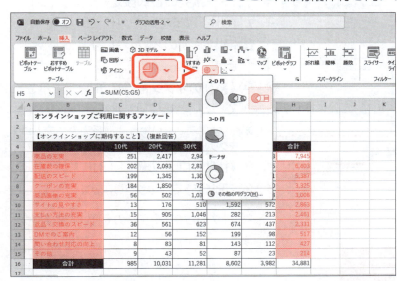

① セル範囲【B5:B15】を選択します。
② Ctrl を押しながら、セル範囲【H5:H15】を選択します。
③《挿入》タブを選択します。
④《グラフ》グループの《円またはドーナツグラフの挿入》をクリックします。
⑤《2-D円》の《補助縦棒付き円》をクリックします。

補助縦棒付き円グラフが作成されます。

ためしてみよう

① シート上のグラフをグラフシートに移動しましょう。グラフシートの名前は「期待すること」にします。
② グラフタイトルに、「オンラインショップに期待すること」と入力しましょう。

Let's Try Answer

①
① グラフを選択
②《グラフのデザイン》タブを選択
③《場所》グループの《グラフの移動》をクリック
④《新しいシート》を ● にし、「期待すること」と入力
⑤《OK》をクリック

②
① グラフタイトルをクリック
② グラフタイトルを再度クリック
③「グラフタイトル」を削除し、「オンラインショップに期待すること」と入力
④ グラフタイトル以外の場所をクリック

3 補助グラフの設定

補助グラフに表示するデータの個数を4個から3個に変更しましょう。

①データ系列を右クリックします。
※データ系列であれば、どこでもかまいません。
②《データ系列の書式設定》をクリックします。

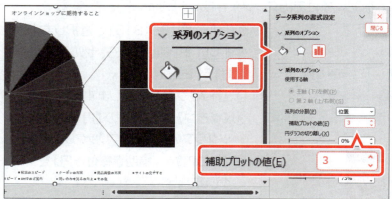

《データ系列の書式設定》作業ウィンドウが表示されます。
③ ■（系列のオプション）をクリックします。
④《系列のオプション》の詳細が表示されていることを確認します。
※表示されていない場合は、《系列のオプション》をクリックします。
⑤《補助プロットの値》を「3」に設定します。
⑥《閉じる》をクリックします。

補助グラフのデータの個数が変更されます。

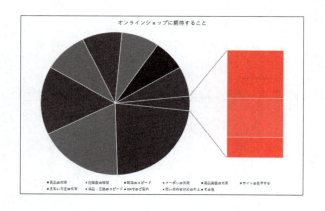

STEP UP 主要プロットと補助プロット

主となる円グラフに表示されるデータ要素を「主要プロット」、補助グラフに表示されるデータ要素を「補助プロット」といいます。
データ要素を主要プロットにするか、補助プロットにするかをあとから設定することもできます。

◆データ系列をクリック→データ要素をクリック→データ要素を右クリック→《データ要素の書式設定》→ ■（系列のオプション）→《要素のプロット先》の▼→《主要プロット》／《補助プロット》

3 グラフ要素の表示

グラフに、データ要素を説明する**「データラベル」**を表示できます。
データラベルを表示しましょう。データラベルは**「外側」**に表示します。

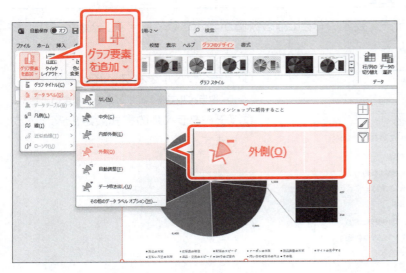

① グラフを選択します。
②《グラフのデザイン》タブを選択します。
③《グラフのレイアウト》グループの《グラフ要素を追加》をクリックします。
④《データラベル》をポイントします。
⑤《外側》をクリックします。

データラベルが表示されます。

> **POINT** データラベルの非表示
>
> データラベルを非表示にする方法は、次のとおりです。
> ◆ グラフを選択→《グラフのデザイン》タブ→《グラフのレイアウト》グループの《グラフ要素を追加》→《データラベル》→《なし》

4 グラフ要素の書式設定

グラフの各要素の書式を設定しましょう。

1 ラベル内容の設定

現在、データラベルにはデータ要素のもとになる数値が表示されています。分類名とパーセントの表示に変更しましょう。

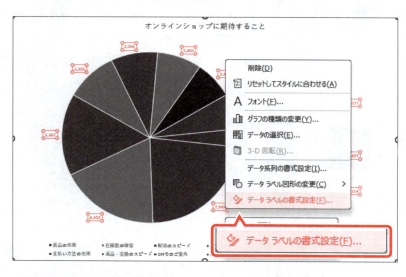

①データラベルを右クリックします。
※データラベルであれば、どこでもかまいません。
②《データラベルの書式設定》をクリックします。

《データラベルの書式設定》作業ウィンドウが表示されます。
③《ラベルオプション》をクリックします。
④ ■ (ラベルオプション)をクリックします。
⑤《ラベルオプション》の詳細が表示されていることを確認します。
※表示されていない場合は、《ラベルオプション》をクリックします。
⑥《分類名》を ☑ にします。
⑦《値》を ☐ にします。
⑧《パーセンテージ》を ☑ にします。

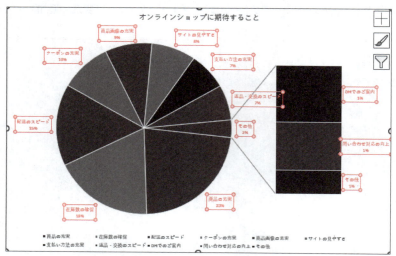

データラベルに、分類名とパーセントが表示されます。

2 表示形式の設定

データラベルが小数第1位までのパーセントで表示されるように設定しましょう。

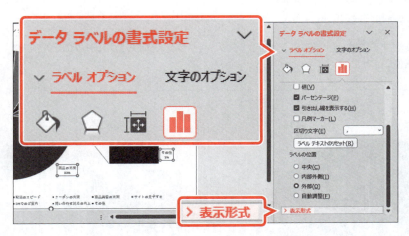

① 《データラベルの書式設定》作業ウィンドウが表示されていることを確認します。
※表示されていない場合は、データラベルを右クリック→《データラベルの書式設定》をクリックします。
② 《ラベルオプション》をクリックします。
③ (ラベルオプション)をクリックします。
④ 《表示形式》をクリックします。
※表示されていない場合は、スクロールして調整します。

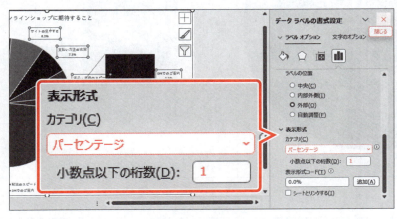

《表示形式》の詳細が表示されます。
⑤ 《カテゴリ》の▼をクリックします。
※表示されていない場合は、スクロールして調整します。
⑥ 《パーセンテージ》をクリックします。
⑦ 《小数点以下の桁数》に「1」と入力します。
⑧ 《閉じる》をクリックします。

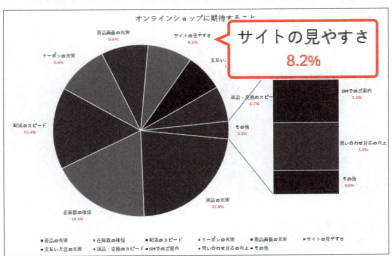

データラベルが小数第1位までのパーセントで表示されます。

ためしてみよう

① 凡例を非表示にしましょう。
② データラベルのフォントの色を「黒、テキスト1」に設定しましょう。
③ グラフの色を「モノクロパレット1」に設定しましょう。

HINT グラフの色を変更するには、《グラフのデザイン》タブ→《グラフスタイル》グループの《グラフクイックカラー》を使います。

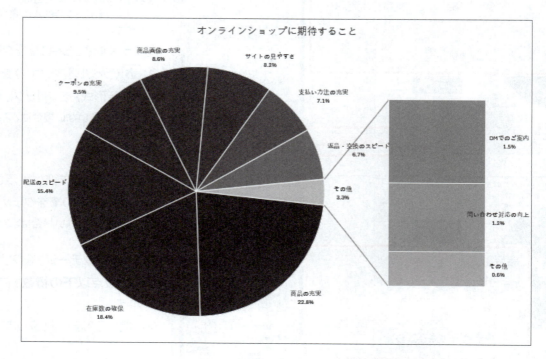

①
① グラフを選択
②《グラフのデザイン》タブを選択
③《グラフのレイアウト》グループの《グラフ要素を追加》をクリック
④《凡例》をポイント
⑤《なし》をクリック

②
① データラベルを選択
※データラベルであれば、どこでもかまいません。
②《ホーム》タブを選択
③《フォント》グループの《フォントの色》の▼をクリック
④《テーマの色》の《黒、テキスト1》(左から2番目、上から1番目)をクリック

③
① グラフを選択
②《グラフのデザイン》タブを選択
③《グラフスタイル》グループの《グラフクイックカラー》をクリック
④《モノクロ》の《モノクロパレット1》(上から1番目)をクリック

※ブックに「グラフの活用-2完成」と名前を付けて、フォルダー「第3章」に保存し、閉じておきましょう。

STEP 4 スパークラインを作成する

1 スパークライン

「スパークライン」を使うと、複数のセルに入力された数値をもとに、別のセル内に小さなグラフを作成できます。
スパークラインには、次の3種類のグラフがあります。

●折れ線スパークライン
時間の経過によるデータの推移を表現します。

A市の年間気温													単位：℃
月	1月	2月	3月	4月	5月	6月	7月	8月	9月	10月	11月	12月	傾向
最高気温	6	4	9	16	23	28	34	36	30	24	12	8	
最低気温	-5	-10	4	11	17	19	21	24	17	15	17	1	

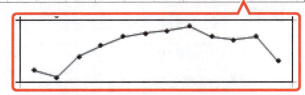

●縦棒スパークライン
データの大小関係を表現します。

新聞折り込みちらしによるWebアクセス効果								単位：回
月日	4/5(土)	4/6(日)	4/7(月)	4/8(火)	4/9(水)	4/10(木)	4/11(金)	傾向
商品案内	1,459	1,532	1,323	1,282	1,172	1,314	1,204	
店舗案内	677	623	378	423	254	351	266	
イベント案内	241	198	145	228	241	111	325	

●勝敗スパークライン
数値の正負をもとに、データの勝敗を表現します。

人口増減数（転入－転出）比較							単位：人
市名	2019年	2020年	2021年	2022年	2023年	2024年	傾向
A市	364	-89	289	430	367	-36	
B市	339	683	-40	-25	580	451	
C市	350	290	-35	154	-25	235	

113

2 スパークラインの作成

各商品分野の月ごとの売上を表す縦棒スパークラインを作成しましょう。

OPEN　グラフの活用-3

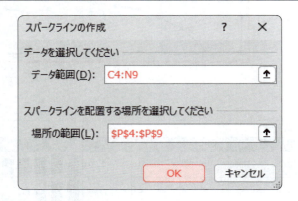

スパークラインのもとになるセル範囲を選択します。
① セル範囲【C4:N9】を選択します。
②《挿入》タブを選択します。
③《スパークライン》グループの《縦棒スパークライン》をクリックします。

《スパークラインの作成》ダイアログボックスが表示されます。
④《データ範囲》に「C4:N9」と表示されていることを確認します。
⑤《場所の範囲》にカーソルが表示されていることを確認します。
⑥ セル範囲【P4:P9】を選択します。
《場所の範囲》に「$P$4:$P$9」と表示されます。
⑦《OK》をクリックします。

縦棒スパークラインが作成されます。
リボンに《スパークライン》タブが表示されます。

POINT　スパークラインの削除

スパークラインを削除する方法は、次のとおりです。
◆ スパークラインのセルを選択→《スパークライン》タブ→《グループ》グループの《選択したスパークラインのクリア》

STEP UP　スパークラインの種類の変更

スパークラインを作成したあと、スパークラインの種類を変更できます。
スパークラインの種類を変更する方法は、次のとおりです。
◆ スパークラインのセルを選択→《スパークライン》タブ→《種類》グループの《折れ線スパークラインに変換》／《縦棒スパークラインに変換》／《勝敗スパークラインに変換》

3 スパークラインの軸の最大値と最小値の設定

初期の設定でスパークラインは、データ範囲の中の最大値をセルの上端、最小値をセルの下端としてデータをグラフ化します。スパークラインごとに、データ範囲から自動的に最大値や最小値が設定されているので、関連する複数のスパークラインを作成するときは、軸の最大値や最小値を同じ値に設定するとよいでしょう。
セル範囲【P4:P9】のスパークラインの軸の最大値をすべて同じ値にし、最小値を「0」に設定しましょう。

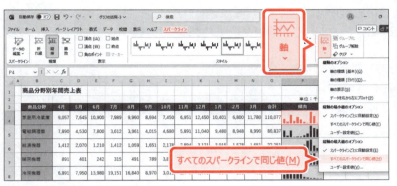

①セル【P4】をクリックします。
※セル範囲【P4:P9】内であれば、どこでもかまいません。
②《スパークライン》タブを選択します。
③《グループ》グループの《スパークラインの軸》をクリックします。
④《縦軸の最大値のオプション》の《すべてのスパークラインで同じ値》をクリックします。

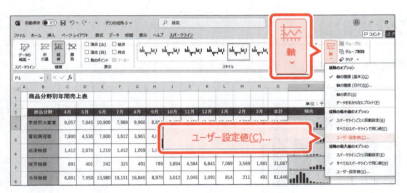

⑤《グループ》グループの《スパークラインの軸》をクリックします。
⑥《縦軸の最小値のオプション》の《ユーザー設定値》をクリックします。

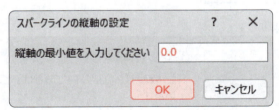

《スパークラインの縦軸の設定》ダイアログボックスが表示されます。
⑦《縦軸の最小値を入力してください》に「0.0」と表示されていることを確認します。
⑧《OK》をクリックします。

すべてのスパークラインの最大値と最小値が設定されます。

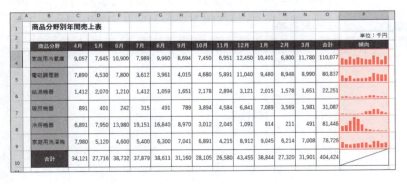

> **POINT** スパークラインのグループ化
>
> 作成したスパークラインはグループ化されています。ひとつのスパークラインをクリックすると、すべてのスパークラインを選択できます。

STEP UP スパークラインのグループ解除

作成したスパークラインはグループ化されているため、ひとつのスパークラインの設定を変更すると、そのほかにも自動的に変更が反映されます。ひとつのスパークラインだけに設定する場合は、スパークラインのグループ化を解除する必要があります。
グループ化を解除する方法は、次のとおりです。

◆スパークラインのセルを選択→《スパークライン》タブ→《グループ》グループの《選択したスパークラインのグループ解除》

《選択したスパークラインのグループ解除》

4 スパークラインの強調

スパークラインの最大値や最小値など特定のデータだけを目立たせることができます。

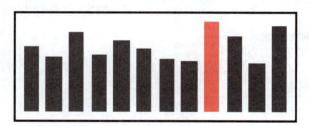

スパークラインの最大値を強調しましょう。

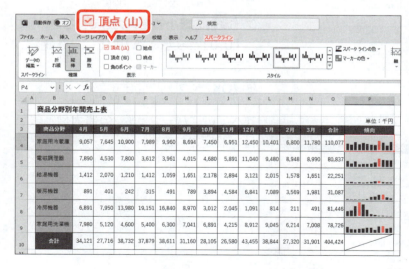

①セル【P4】をクリックします。
※セル範囲【P4:P9】内であれば、どこでもかまいません。
②《スパークライン》タブを選択します。
③《表示》グループの《頂点(山)》を ☑ にします。

最大値の縦棒の色が変わり、強調されます。

5 スパークラインスタイルの適用

「スパークラインスタイル」とは、スパークラインを装飾するための書式の組み合わせのことです。スパークライン本体の色や強調色などが設定されており、デザインを瞬時に整えることができます。
スパークラインに、スタイル「**薄いオレンジ, スパークラインスタイルアクセント2、白+基本色40%**」を適用しましょう。

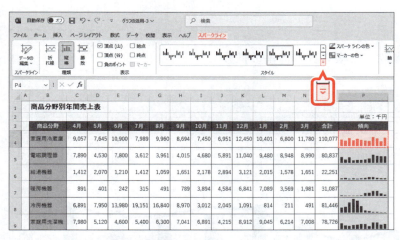

①セル【P4】をクリックします。
※セル範囲【P4：P9】内であれば、どこでもかまいません。
②《スパークライン》タブを選択します。
③《スタイル》グループの をクリックします。

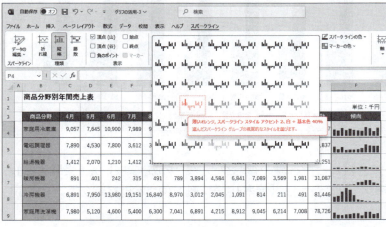

④《薄いオレンジ, スパークラインスタイルアクセント2、白+基本色40%》をクリックします。

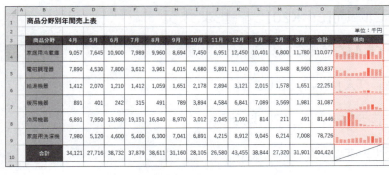

スパークラインにスタイルが適用されます。
※ブックに「グラフの活用-3完成」と名前を付けて、フォルダー「第3章」に保存し、閉じておきましょう。

STEP UP スパークラインやマーカーの色の変更

スパークライン全体の色を変更できます。また、「マーカーの色」を使うと、最大値や最小値など、強調したデータの色を変更することができます。

スパークラインの色

◆スパークラインのセルを選択→《スパークライン》タブ→《スタイル》グループの《スパークラインの色》

マーカーの色

◆スパークラインのセルを選択→《スパークライン》タブ→《スタイル》グループの《マーカーの色》

117

練習問題

標準解答 ▶ P.6

あなたは、大学の入試担当で、受験者数や合格者数、倍率の推移を報告する資料を作成することになりました。
完成図のようなグラフを作成しましょう。

●完成図

① 表のデータをもとに、集合縦棒と折れ線の複合グラフを作成しましょう。「**受験者数**」と「**合格者数**」は集合縦棒グラフで表示し、「**倍率**」は第2軸を使って折れ線グラフで表示します。

② ①で作成したグラフをセル範囲【**B9：K20**】に配置しましょう。

③ グラフにスタイル「**スタイル4**」を適用しましょう。

④ 主軸に軸ラベルを配置し、「**人**」と入力しましょう。

⑤ 軸ラベルの文字列の方向を縦書きに設定しましょう。

⑥ グラフタイトルを非表示にしましょう。

⑦ 「**倍率**」のデータ系列の線の幅を「**3pt**」、マーカーのサイズを「**7**」に設定しましょう。

※ブックに「第3章練習問題完成」と名前を付けて、フォルダー「第3章」に保存し、閉じておきましょう。

第4章

グラフィックの利用

この章で学ぶこと		120
STEP 1	作成するブックを確認する	121
STEP 2	テーマを適用する	122
STEP 3	SmartArtグラフィックを作成する	124
STEP 4	図形を作成する	134
STEP 5	テキストボックスを作成する	141
練習問題		147

この章で学ぶこと

学習前に習得すべきポイントを理解しておき、
学習後には確実に習得できたかどうかを振り返りましょう。

第4章 グラフィックの利用

- ■ ブックにテーマを適用できる。　→ P.122 ☑☑☑
- ■ SmartArtグラフィックを作成できる。　→ P.124 ☑☑☑
- ■ SmartArtグラフィックの位置とサイズを調整できる。　→ P.126 ☑☑☑
- ■ SmartArtグラフィックに文字列を追加できる。　→ P.127 ☑☑☑
- ■ SmartArtグラフィックの色を設定できる。　→ P.131 ☑☑☑
- ■ SmartArtグラフィックに書式を設定できる。　→ P.132 ☑☑☑
- ■ 図形を作成できる。　→ P.134 ☑☑☑
- ■ 図形にスタイルを適用できる。　→ P.136 ☑☑☑
- ■ 図形に文字列を追加できる。　→ P.137 ☑☑☑
- ■ 図形の位置とサイズを調整できる。　→ P.138 ☑☑☑
- ■ 図形に書式を設定できる。　→ P.139 ☑☑☑
- ■ テキストボックスを作成できる。　→ P.141 ☑☑☑
- ■ シート上のセルの値を参照してテキストボックス内に表示できる。　→ P.143 ☑☑☑
- ■ テキストボックスに書式を設定できる。　→ P.144 ☑☑☑

STEP 1 作成するブックを確認する

1 作成するブックの確認

次のようなブックを作成しましょう。

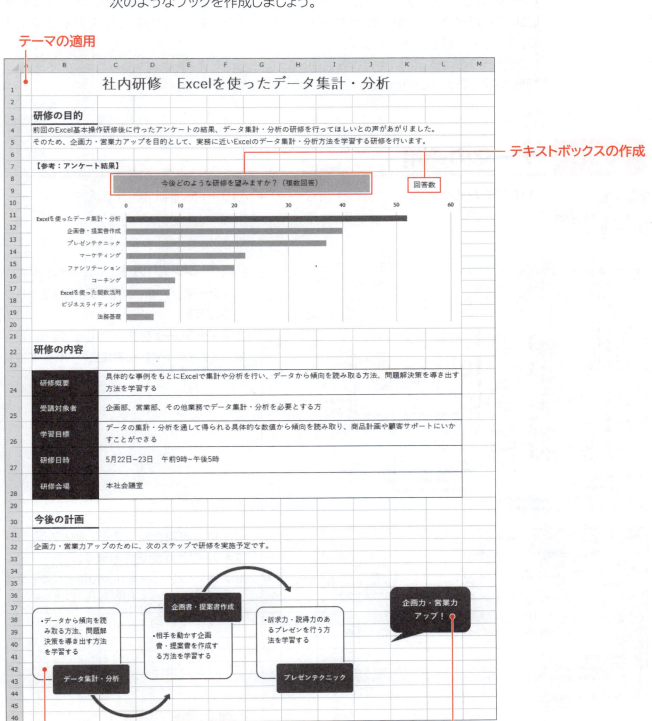

STEP 2 テーマを適用する

1 テーマ

「テーマ」とは、ブック全体の配色やフォント、効果を組み合わせて登録したものです。テーマには、「**インテグラル**」「**オーガニック**」「**スライス**」などの名前が付けられており、選択するだけで、ブックの外観を設定できます。
また、テーマのうち、フォントだけを適用したり、色だけを適用したりすることもできます。
初期の設定では、「**Office**」というテーマが適用されています。

2 テーマの適用

OPEN　E グラフィックの利用

作成するブックのイメージに合わせて、テーマ「**ギャラリー**」を適用しましょう。

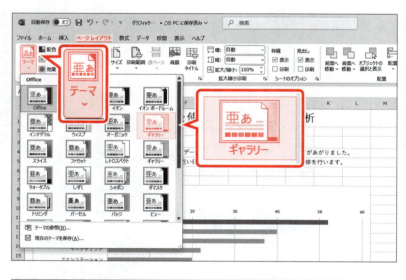

① 《ページレイアウト》タブを選択します。
② 《テーマ》グループの《テーマ》をクリックします。
③ 《ギャラリー》をクリックします。
※一覧をポイントすると、設定後のイメージを画面で確認できます。

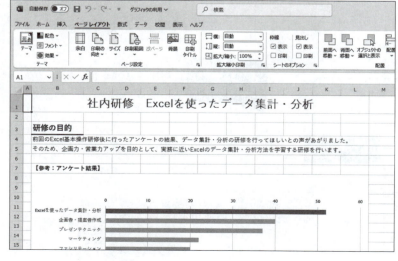

テーマが適用され、ブック全体の配色やフォントなどが変更されます。
※シート「アンケート結果」に切り替えて、テーマが適用されていることを確認しておきましょう。

> **POINT テーマの解除**
> テーマを解除するには、初期の設定のテーマ「Office」を適用します。

STEP UP テーマの構成

テーマは、配色・フォント・効果で構成されています。テーマを適用すると、リボンのボタンの配色・フォント・効果の一覧が変更されます。テーマを適用し、そのテーマの配色・フォント・効果を使うと、すべてのシートを統一したデザインにできます。
テーマ「Office」が適用されている場合のリボンのボタンに表示される内容は、次のとおりです。
※お使いの環境によっては、表示が異なる場合があります。

●配色
《ホーム》タブ→《フォント》グループの《塗りつぶしの色》や《フォントの色》などの一覧に表示される色は、テーマの配色に対応しています。

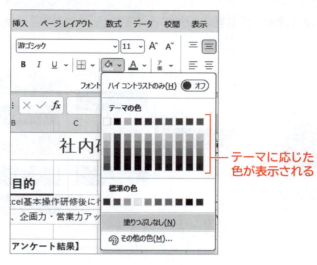
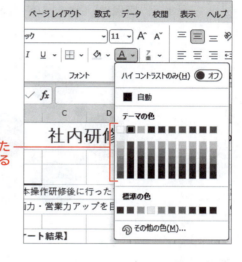

テーマに応じた色が表示される

●フォント
《ホーム》タブ→《フォント》グループの《フォント》の▼をクリックして一番上に表示されるフォントは、テーマのフォントに対応しています。

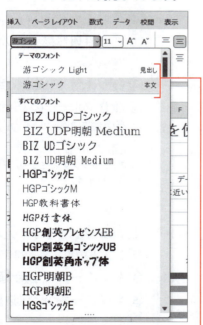

テーマに応じたフォントが表示される

●効果
《書式》タブや《図形の書式》タブなどに表示されるスタイルの一覧は、テーマの効果に対応しています。

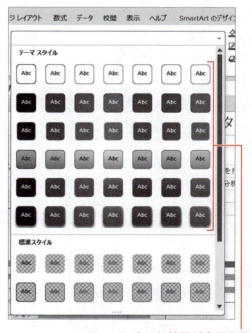

テーマに応じた効果が表示される

STEP 3 SmartArtグラフィックを作成する

1 SmartArtグラフィック

「SmartArtグラフィック」とは、複数の図形を組み合わせて、情報の相互関係を視覚的にわかりやすく表現したものです。SmartArtグラフィックを効果的に使うと、内容をひと目で把握できる訴求力のある資料を作成できます。SmartArtグラフィックには、**「手順」「循環」「階層構造」「集合関係」**などの種類が用意されているので、伝えたい内容を的確に表現できるものを選択しましょう。

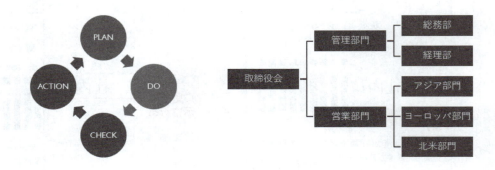

2 SmartArtグラフィックの作成

研修の今後の計画をわかりやすく表すため、SmartArtグラフィック**「波型ステップ」**を作成しましょう。

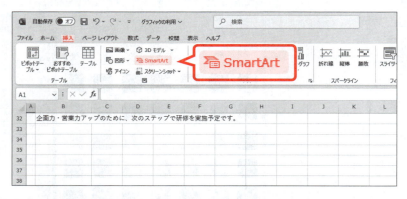

①シート**「研修概要」**の33行目以降を表示します。
②《挿入》タブを選択します。
③《図》グループの《**SmartArtグラフィックの挿入**》をクリックします。
※《図》グループが （図）で表示されている場合は、クリックすると《図》グループのボタンが表示されます。

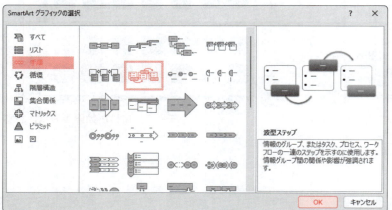

《SmartArtグラフィックの選択》ダイアログボックスが表示されます。
④左側の一覧から《**手順**》を選択します。
⑤中央の一覧から《**波型ステップ**》を選択します。
右側に選択したSmartArtグラフィックの説明が表示されます。
⑥《**OK**》をクリックします。

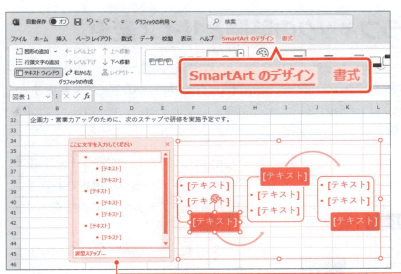

SmartArtグラフィックが作成され、テキストウィンドウが表示されます。

※テキストウィンドウが表示されていない場合は、SmartArtグラフィックを選択し、左側にある◀をクリックします。

リボンに《SmartArtのデザイン》タブと《書式》タブが表示されます。

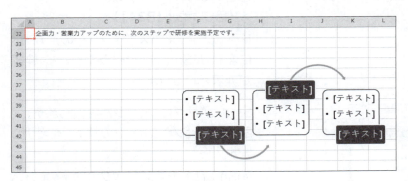

《テキストウィンドウ》

⑦SmartArtグラフィック以外の任意のセルをクリックします。

SmartArtグラフィックの選択が解除されます。

※SmartArtグラフィックの選択を解除すると、テキストウィンドウは非表示になります。

POINT　《SmartArtのデザイン》タブと《書式》タブ

SmartArtグラフィックが選択されているとき、リボンに《SmartArtのデザイン》タブと《書式》タブが表示され、SmartArtグラフィックに関するコマンドが使用できる状態になります。

POINT　テキストウィンドウの表示・非表示

SmartArtグラフィックを作成すると、初期の設定ではテキストウィンドウが表示されます。このテキストウィンドウを使うと効率よく文字を入力できます。
テキストウィンドウの表示・非表示を切り替える方法は、次のとおりです。

◆SmartArtグラフィックを選択→◀/▶

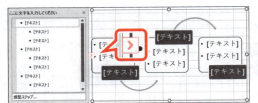

POINT　SmartArtグラフィックの削除

SmartArtグラフィックを削除する方法は、次のとおりです。
◆SmartArtグラフィックを選択→ Delete

STEP UP　SmartArtグラフィックのレイアウトの変更

SmartArtグラフィックを作成したあと、SmartArtグラフィックのレイアウトを変更する方法は、次のとおりです。
◆SmartArtグラフィックを選択→《SmartArtのデザイン》タブ→《レイアウト》グループの ▽

3 SmartArtグラフィックの移動とサイズ変更

SmartArtグラフィックは、移動したりサイズを変更したりできます。SmartArtグラフィックを移動するには、周囲の枠線をドラッグします。SmartArtグラフィックのサイズを変更するには、周囲の枠線上にある○（ハンドル）をドラッグします。
SmartArtグラフィックの位置とサイズを調整しましょう。

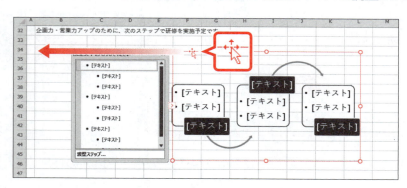

①SmartArtグラフィックをクリックします。
SmartArtグラフィックが選択されます。
②SmartArtグラフィックの枠線をポイントします。
マウスポインターの形が に変わります。
③図のようにドラッグします。
　（目安：セル【B34】）
ドラッグ中、マウスポインターの形が に変わり、SmartArtグラフィックの枠線が非表示になります。

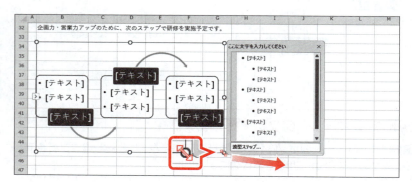

SmartArtグラフィックが移動します。
SmartArtグラフィックのサイズを変更します。
④SmartArtグラフィックの右下の○（ハンドル）をポイントします。
マウスポインターの形が に変わります。
⑤図のようにドラッグします。
　（目安：セル【I46】）
ドラッグ中、マウスポインターの形が＋に変わります。

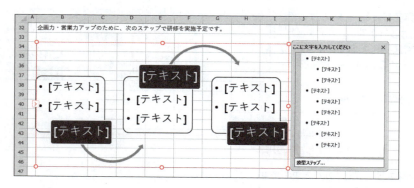

SmartArtグラフィックのサイズが変更されます。

STEP UP　SmartArtグラフィック内の図形のサイズ変更

SmartArtグラフィック内の図形は、《書式》タブ→《図形》グループの《拡大》/《縮小》を使うと、少しずつ拡大したり縮小したりして、サイズを微調整できます。

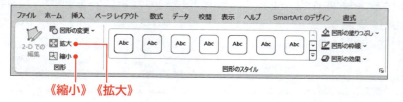

4 箇条書きの入力

SmartArtグラフィックに文字列を追加しましょう。

1 テキストウィンドウで文字列を追加

テキストウィンドウを使って文字列を追加すると、図形の追加や削除、レベルの上げ下げを簡単に行うことができます。
テキストウィンドウを使って文字列を入力しましょう。

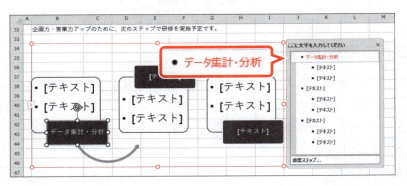

①SmartArtグラフィックが選択されていることを確認します。
②テキストウィンドウが表示されていることを確認します。
※テキストウィンドウが表示されていない場合は、表示しておきましょう。

最上位レベルの文字列を入力します。
③テキストウィンドウの1行目に「**データ集計・分析**」と入力します。
※図形にも入力されます。

次のレベルに文字列を入力します。
④↓を押します。
⑤テキストウィンドウの2行目に「**データから傾向を読み取る方法、問題解決策を導き出す方法を学習する**」と入力します。

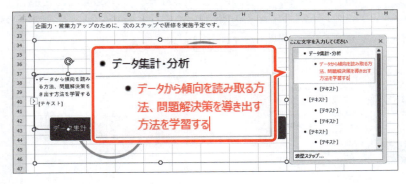

不要な行を削除します。
⑥2行目の最後にカーソルが表示されていることを確認します。

⑦↓を押します。
⑧3行目にカーソルが表示されていることを確認します。

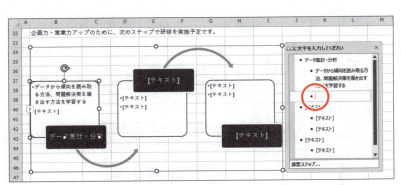

⑨Back Spaceを押します。
3行目の箇条書きのレベルが上がります。
⑩Back Spaceを押します。
不要な行が削除されます。

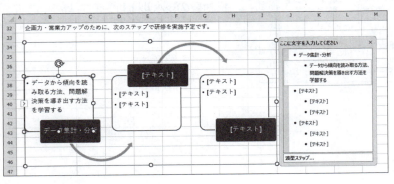

127

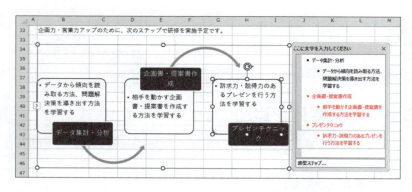

⑪同様に、次のように入力します。

3行目：企画書・提案書作成
4行目：相手を動かす企画書・提案書を作成する方法を学習する
5行目：（削除）
6行目：プレゼンテクニック
7行目：訴求力・説得力のあるプレゼンを行う方法を学習する
8行目：（削除）

2 テキストウィンドウで図形を追加

SmartArtグラフィックは、複数の図形から構成されています。必要に応じて図形を追加したり削除したりできます。また、図形は上位のレベルや下位のレベルなどに分かれている場合があります。必要に応じて、レベルを上げたり下げたりできます。
「訴求力・説得力の…」の下に、テキストウィンドウを使って図形を追加しましょう。

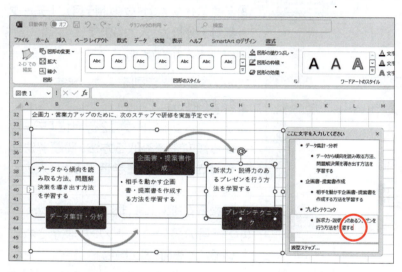

①テキストウィンドウの「**訴求力・説得力のあるプレゼンを行う方法を学習する**」のうしろにカーソルがあることを確認します。
②**Enter**を押します。

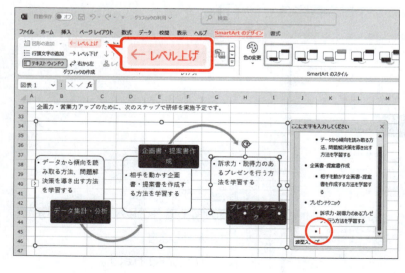

同じレベルの項目が追加されます。
※表示されていない場合は、スクロールして調整します。
③追加された項目にカーソルがあることを確認します。
④《**SmartArtのデザイン**》タブを選択します。
⑤《**グラフィックの作成**》グループの《**選択対象のレベル上げ**》をクリックします。

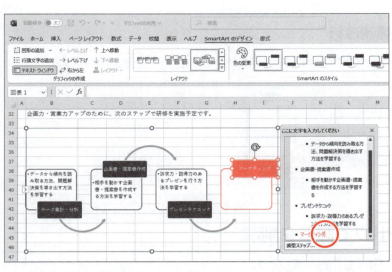

テキストウィンドウの箇条書きのレベルが上がり、SmartArtグラフィックにも図形が追加されます。

⑥「マーケティング」と入力します。
⑦「マーケティング」のうしろにカーソルがあることを確認します。
⑧ Enter を押します。

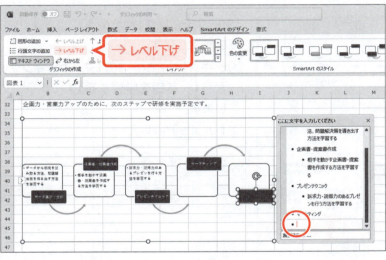

同じレベルの項目が追加されます。
⑨追加された項目にカーソルがあることを確認します。
⑩《グラフィックの作成》グループの《選択対象のレベル下げ》をクリックします。

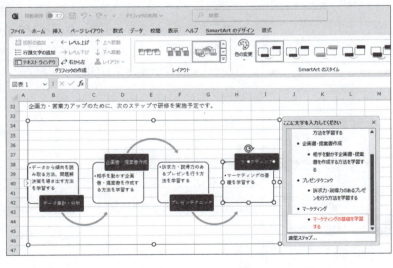

テキストウィンドウの箇条書きのレベルが下がります。
⑪「マーケティングの基礎を学習する」と入力します。

STEP UP その他の方法（図形の追加）

◆SmartArtグラフィックの図形を選択→《SmartArtのデザイン》タブ→《グラフィックの作成》グループの《図形の追加》
◆SmartArtグラフィックの図形を右クリック→《図形の追加》

STEP UP その他の方法（選択対象のレベル上げ・レベル下げ）

◆ Shift + Tab ／ Tab

129

STEP UP 文字列の強制改行

箇条書きの項目内で改行するには、改行する位置にカーソルを移動し、Shift+Enterを押します。

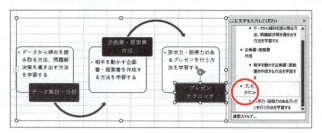

3 テキストウィンドウで図形を削除

テキストウィンドウを使って図形を削除しましょう。

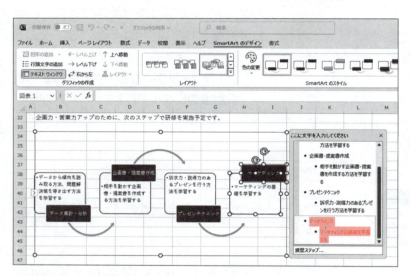

「マーケティング」とその下のレベルの文章を削除します。
①テキストウィンドウの「**マーケティング**」から「**…基礎を学習する**」までドラッグします。
②Deleteを押します。

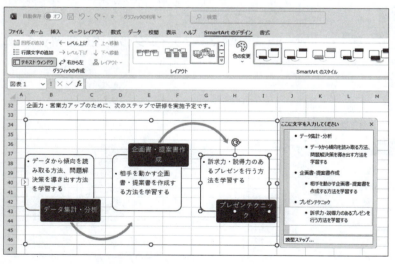

テキストウィンドウから「**マーケティング**」の項目が削除され、SmartArtグラフィックから「**マーケティング**」の図形が削除されます。

STEP UP その他の方法（図形の削除）

◆SmartArtグラフィックの図形を選択→Delete

5 SmartArtグラフィックの色の設定

SmartArtグラフィックには、SmartArtグラフィック全体を装飾するための色の組み合わせが用意されています。
SmartArtグラフィックの色を「**カラフル-アクセント4から5**」に設定しましょう。

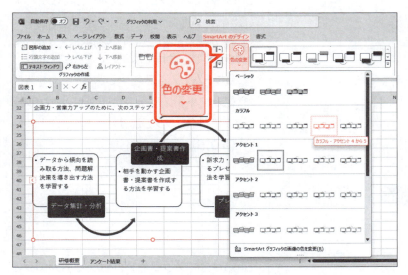

①SmartArtグラフィックを選択します。
②《**SmartArtのデザイン**》タブを選択します。
③《**SmartArtのスタイル**》グループの《**色の変更**》をクリックします。
④《**カラフル**》の《**カラフル-アクセント4から5**》をクリックします。
※一覧をポイントすると、設定後のイメージを画面で確認できます。

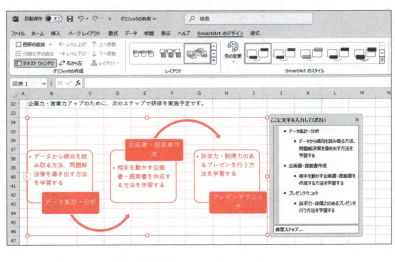

SmartArtグラフィックの色が設定されます。

POINT　SmartArtグラフィックのスタイル

作成したSmartArtグラフィックのスタイルを一覧から選択して変更できます。塗りつぶし・枠線・効果を組み合わせた様々なスタイルが用意されているので、見栄えのするデザインを設定できます。
SmartArtグラフィックのスタイルを変更する方法は、次のとおりです。

◆SmartArtグラフィックを選択→《**SmartArtのデザイン**》タブ→《**SmartArtのスタイル**》グループの

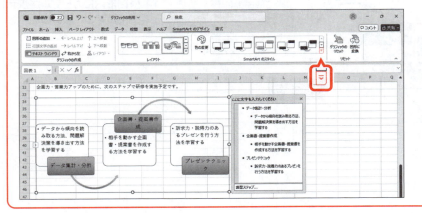

6 SmartArtグラフィックの書式設定

SmartArtグラフィック内の文字列のフォントサイズを「10.5」に変更しましょう。
次に、タイトルの図形の文字列に太字を設定しましょう。

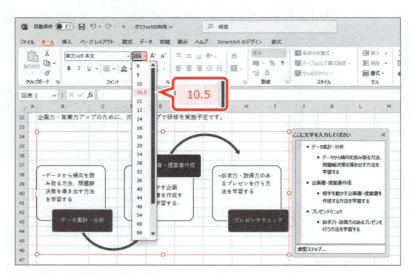

SmartArtグラフィック全体を選択します。
①SmartArtグラフィックを選択します。
※一部の図形が選択されている場合は、その図形だけが設定の対象になるので注意しましょう。
②《ホーム》タブを選択します。
③《フォント》グループの《フォントサイズ》の▼をクリックします。
④《10.5》をクリックします。

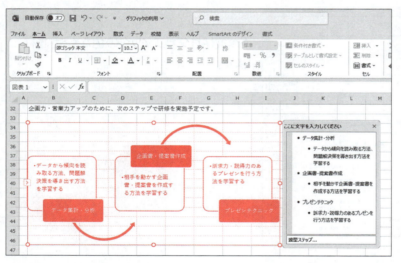

SmartArtグラフィック内の文字列のフォントサイズが変更されます。

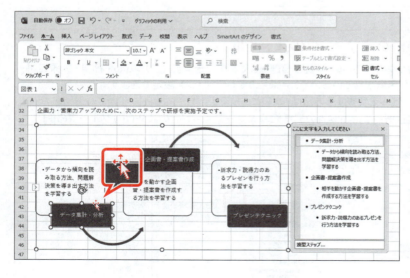

タイトルの図形を選択します。
⑤タイトルの図形内の文字列以外の場所をポイントします。
マウスポインターの形が に変わります。
⑥クリックします。
※図形内にカーソルが表示されている場合、正しく設定されないので注意しましょう。

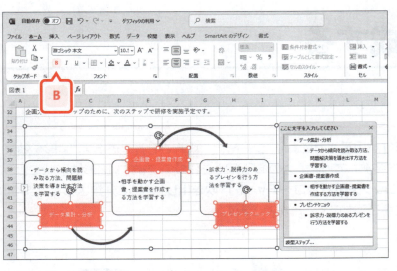

タイトルの図形が選択されます。

⑦ [Shift] を押しながら、残りのタイトルの図形をそれぞれクリックします。

残りのタイトルの図形が選択されます。

⑧《フォント》グループの《太字》をクリックします。

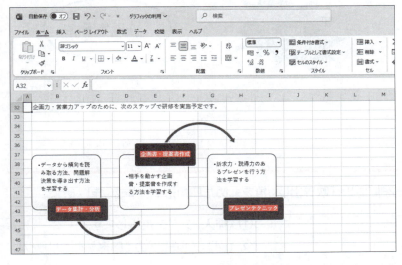

タイトルの図形の文字列が太字になります。

※SmartArtグラフィック以外の場所をクリックし、選択を解除しておきましょう。

STEP UP 一部の文字列の書式設定

一部の文字列だけに書式を設定するには、その文字列を選択してから書式を設定します。

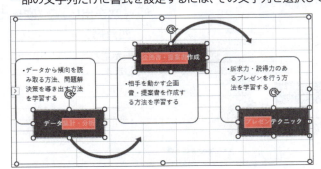

STEP UP SmartArtグラフィックのリセット

SmartArtグラフィックに対する書式をリセットし、初期の状態に戻すことができます。
SmartArtグラフィックをリセットする方法は、次のとおりです。

◆SmartArtグラフィックを選択→《SmartArtのデザイン》タブ→《リセット》グループの《グラフィックのリセット》

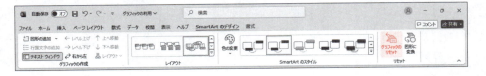

133

STEP 4 図形を作成する

1 図形

Excelには、豊富な「図形」が用意されており、シート上に簡単に配置できます。図形を効果的に使うと、表やグラフを装飾して、訴求力のある資料を作成できます。図形は形状によって、「線」「基本図形」「ブロック矢印」「フローチャート」「吹き出し」などに分類されています。線以外の図形は、中に文字を追加することができます。

2 図形の作成

SmartArtグラフィックの右側に図形「吹き出し：角を丸めた四角形」を作成しましょう。

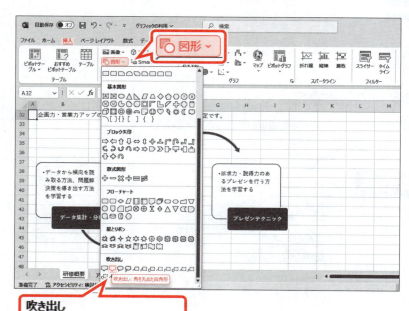

① 《挿入》タブを選択します。
② 《図》グループの《図形》をクリックします。
※《図》グループが (図)で表示されている場合は、クリックすると《図》グループのボタンが表示されます。
③ 《吹き出し》の《吹き出し：角を丸めた四角形》をクリックします。
※表示されていない場合は、スクロールして調整します。

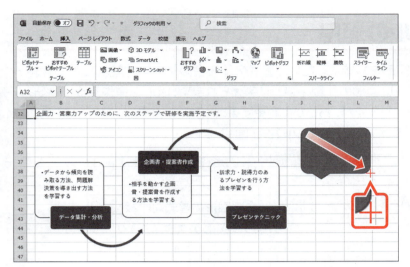

④図のようにドラッグします。
ドラッグ中、マウスポインターの形が+に変わります。

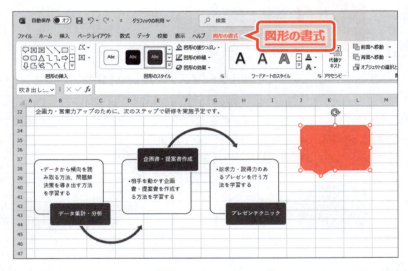

図形が作成され、図形にスタイルが適用されます。
リボンに《図形の書式》タブが表示されます。

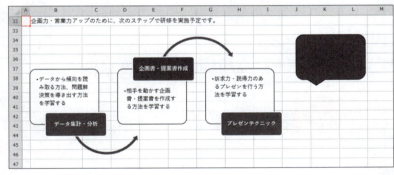

図形の選択を解除します。
⑤図形以外の場所をクリックします。
図形の選択が解除されます。

STEP UP 図形の作成

図形を作成するときは、始点から終点までドラッグします。

●線

※ Shift を押しながらドラッグすると、水平方向・垂直方向・45度の角度の直線を作成できます。

●正方形/長方形

※ Shift を押しながらドラッグすると、正方形を作成できます。

●楕円

※ Shift を押しながらドラッグすると、真円を作成できます。

3 図形のスタイルの適用

「図形のスタイル」とは、図形を装飾するための書式の組み合わせです。塗りつぶし・枠線・効果などが設定されており、図形の体裁を瞬時に整えられます。図形を挿入すると、図形のスタイルが自動的に適用されますが、あとから変更することもできます。
図形にスタイル「**グラデーション-赤、アクセント1**」を適用しましょう。

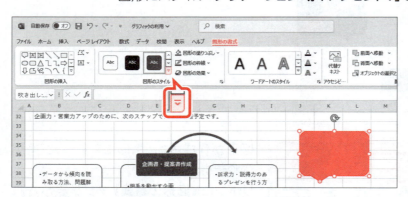

①図形をクリックします。
図形が選択されます。
②**《図形の書式》**タブを選択します。
③**《図形のスタイル》**グループの をクリックします。

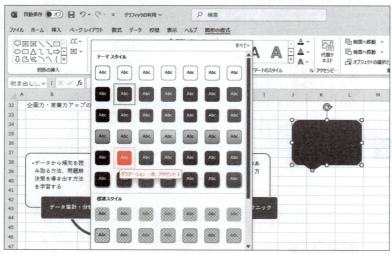

④**《テーマスタイル》**の**《グラデーション-赤、アクセント1》**をクリックします。
※一覧をポイントすると、設定後のイメージを画面で確認できます。

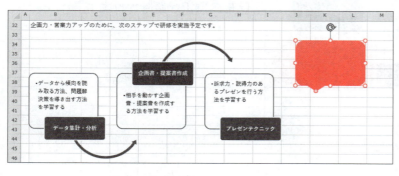

図形にスタイルが適用されます。

POINT 図形のスタイル

図形のスタイルは、塗りつぶし・枠線・効果で構成されています。《図形の書式》タブの《図形のスタイル》グループのボタンを使うと、まとめて設定することも、それぞれ個別に設定することもできます。

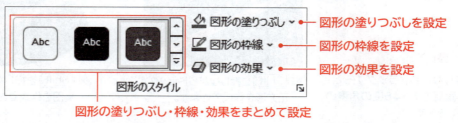

4 図形への文字列の追加

作成した図形に「企画力・営業力アップ！」という文字列を追加しましょう。

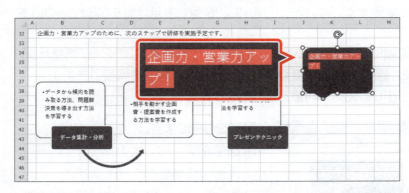

① 図形が選択されていることを確認します。
※図形が選択されていない場合は、図形をクリックして選択します。
※この段階では、カーソルは表示されません。
② **「企画力・営業力アップ！」**と入力します。
※文字列を入力するとカーソルが表示されます。

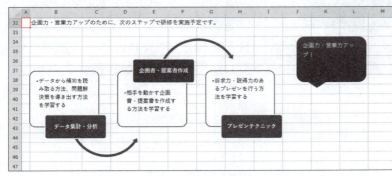

③ 図形以外の場所をクリックします。
図形の選択が解除され、図形内の文字列が確定します。

POINT 図形の選択

図形を選択するには、図形内の文字列以外の場所をクリックします。図形を移動したりサイズを変更したりする場合は、図形を選択します。
図形が選択されているとき、図形は実線で囲まれます。

POINT 図形内の文字列の編集

図形内の文字列を編集するには、図形内の文字列をクリックします。カーソルが表示され、文字列が操作対象になります。
図形内の文字列が操作対象のとき、図形は点線で囲まれます。

5 図形の移動とサイズ変更

図形は、移動したりサイズを変更したりできます。図形を移動するには、図形の枠線をドラッグします。図形のサイズを変更するには、図形を選択し、周囲に表示される○ (ハンドル) をドラッグします。
また、図形によっては、周囲に黄色の○ (ハンドル) が表示されます。この○を**「調整ハンドル」**といい、ドラッグすると、図形全体の角度や吹き出しの先端の角度を調整できます。
図形の位置とサイズ、吹き出しの先端の角度を調整しましょう。

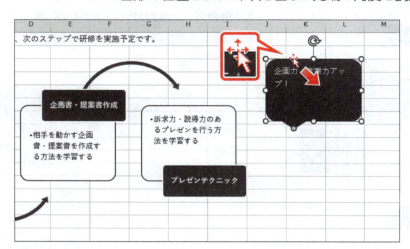

図形を移動します。
①図形をクリックします。
②図形の枠線をポイントします。
マウスポインターの形が に変わります。
③図のようにドラッグします。
ドラッグ中、マウスポインターの形が に変わり、図形の枠線が非表示になります。

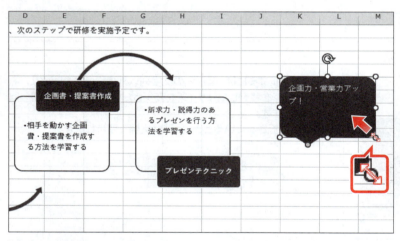

図形が移動します。
図形のサイズを変更します。
④図形の右下の○ (ハンドル) をポイントします。
マウスポインターの形が に変わります。
⑤図のようにドラッグします。
ドラッグ中、マウスポインターの形が ✚ に変わり、図形の枠線が非表示になります。

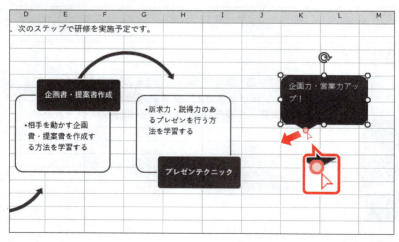

図形のサイズが変更されます。
吹き出しの先端の角度を調整します。
⑥吹き出しの先端の黄色の○ (調整ハンドル) をポイントします。
マウスポインターの形が に変わります。
⑦図のようにドラッグします。

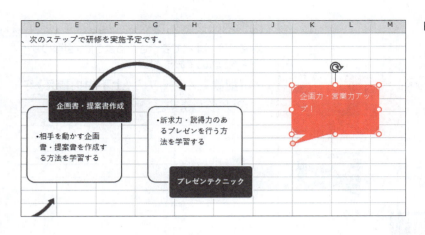

吹き出しの先端の角度が変更されます。

> **POINT 図形の回転**
>
> 図形は自由な角度に回転できます。選択した図形の上側に表示される ⟲ をポイントし、マウスポインターの形が ↻ に変わったらドラッグします。
> ※ドラッグ中、マウスポインターの形は ✥ に変わります。

6 　図形の書式設定

図形内のすべての文字列に対して書式を設定するときは、図形を選択した状態で行います。
図形内の文字列に、次の書式を設定しましょう。

```
フォントサイズ：12
太字
文字列の配置：上下左右ともに中央揃え
```

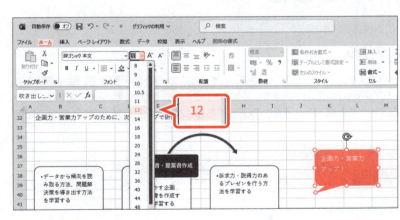

①図形が選択されていることを確認します。
※図形内にカーソルが表示されている場合、正しく設定されないので注意しましょう。
②《ホーム》タブを選択します。
③《フォント》グループの《フォントサイズ》の▼をクリックします。
④《12》をクリックします。

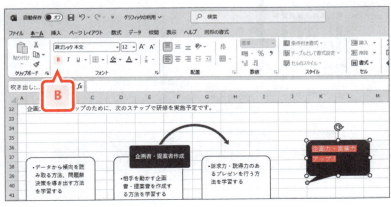

図形内の文字列のフォントサイズが変更されます。
⑤《フォント》グループの《太字》をクリックします。

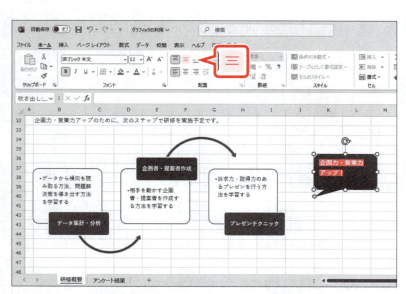

図形内の文字列が太字になります。

※文字列がすべて表示されるように、図形のサイズを調整しておきましょう。

⑥《配置》グループの《上下中央揃え》をクリックします。

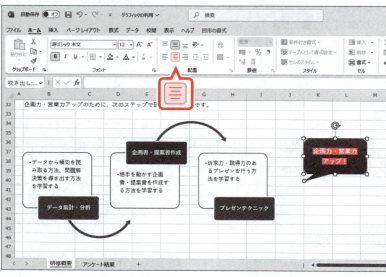

図形内で文字列が上下の中央に配置されます。

⑦《配置》グループの《中央揃え》をクリックします。

図形内で文字列が左右の中央に配置されます。

STEP UP スケッチスタイル

《図形の書式》タブ→《図形のスタイル》グループの《図形の枠線》の▼→《スケッチ》の一覧から、線の種類を選択すると、図形の枠線に「スケッチスタイル」を適用できます。スケッチスタイルを使うと、枠線を手書き風にアレンジできるので、やわらかい印象を出したい場合や、下書きの図形であることを表したい場合など、使い方が広がります。

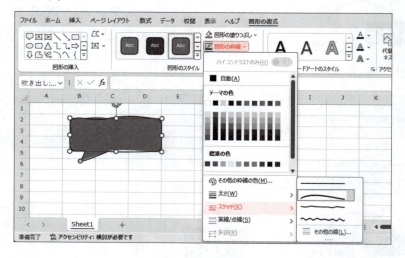

STEP 5 テキストボックスを作成する

1 テキストボックス

「**テキストボックス**」を使うと、セルとは関係なく独立した位置に文字列を配置したり、グラフ上の任意の場所に文字列を配置したりできます。
テキストボックスには、横書きと縦書きがあります。

2 テキストボックスの作成

グラフ上に横書きのテキストボックスを作成し、「**回答数**」という文字列を表示しましょう。

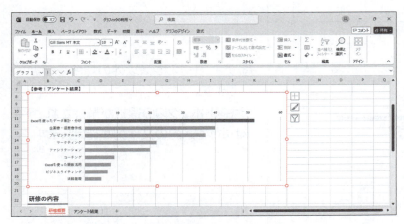

①シート「**研修概要**」にあるグラフを表示します。
②グラフを選択します。
※グラフ上にテキストボックスを作成するときは、グラフを選択しておきます。

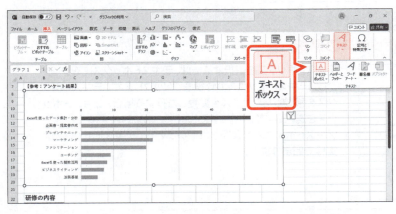

③《**挿入**》タブを選択します。
④《**テキスト**》グループの《**横書きテキストボックスの描画**》をクリックします。

マウスポインターの形が↓に変わります。
⑤図のようにドラッグします。
ドラッグ中、マウスポインターの形が＋に変わります。

141

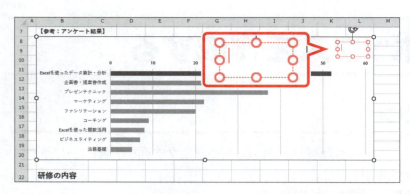

テキストボックスが作成されます。
⑥テキストボックス内にカーソルが表示されていることを確認します。

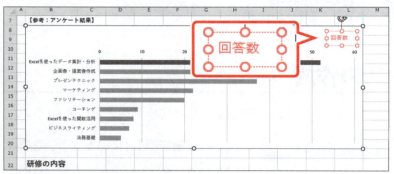

⑦「回答数」と入力します。

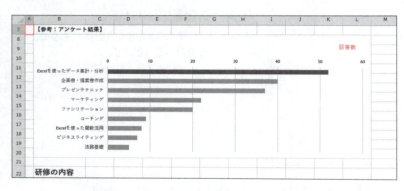

⑧テキストボックス以外の場所をクリックします。
テキストボックスの選択が解除され、テキストボックス内の文字列が確定します。

POINT テキストボックスの選択

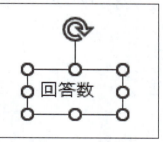

テキストボックスを選択するには、テキストボックス内をクリックし、テキストボックスの枠線をクリックします。テキストボックスを移動したりサイズを変更したりする場合、テキストボックスを選択します。
テキストボックスが選択されているとき、テキストボックスは実線で囲まれます。

POINT テキストボックス内の文字列の編集

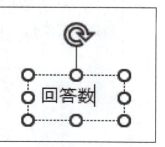

テキストボックス内の文字列を編集するには、テキストボックス内の文字列をクリックします。カーソルが表示され、文字列が操作対象になります。
テキストボックス内の文字列が操作対象のとき、テキストボックスは点線で囲まれます。

3 セルの参照

シート上のセルの値を参照して、テキストボックス内に表示できます。
グラフ上に横書きのテキストボックスを作成し、シート「**アンケート結果**」のセル【B3】の「**今後どのような研修を望みますか？（複数回答）**」を表示しましょう。

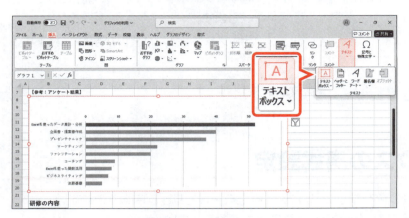

①グラフを選択します。
②《**挿入**》タブを選択します。
③《**テキスト**》グループの《**横書きテキストボックスの描画**》をクリックします。

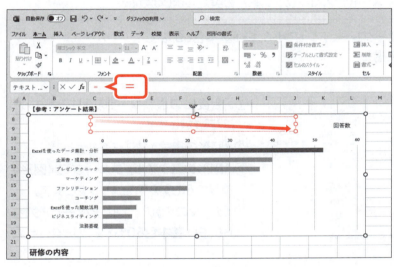

マウスポインターの形が↓に変わります。
④図のようにドラッグします。
テキストボックスが作成されます。
⑤テキストボックス内にカーソルが表示されていることを確認します。
⑥数式バーをクリックします。
数式バーにカーソルが表示されます。
⑦「=」を入力します。

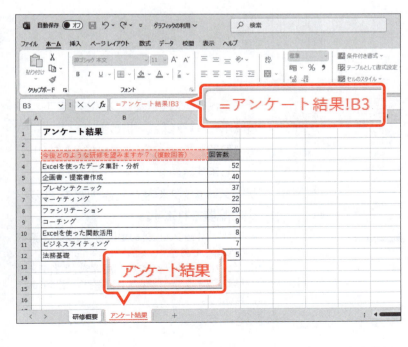

⑧シート「**アンケート結果**」のシート見出しをクリックします。
⑨セル【B3】をクリックします。
⑩数式バーに「**=アンケート結果!B3**」と表示されていることを確認します。
⑪[Enter]を押します。

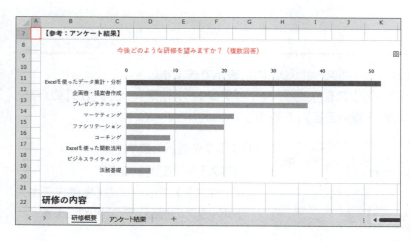

テキストボックス内に「今後どのような研修を望みますか？（複数回答）」が表示されます。

※文字列がすべて表示されるように、テキストボックスのサイズを調整しておきましょう。

⑫テキストボックス以外の場所をクリックします。

テキストボックスの選択が解除されます。

4　テキストボックスの書式設定

テキストボックスは、背景の色を塗りつぶしたり、枠線を付けたりして装飾できます。
「今後どのような…」のテキストボックスに、次の書式を設定しましょう。

```
図形の塗りつぶし ：ブルーグレー、アクセント6、白+基本色60%
文字列の配置    ：中央揃え
```

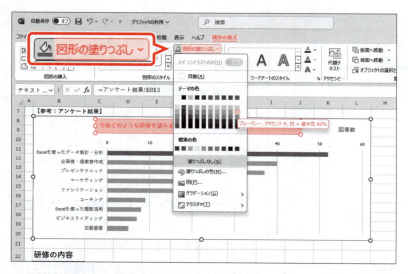

①「今後どのような…」のテキストボックスを選択します。

②《図形の書式》タブを選択します。

③《図形のスタイル》グループの《図形の塗りつぶし》の▼をクリックします。

④《テーマの色》の《ブルーグレー、アクセント6、白+基本色60%》をクリックします。

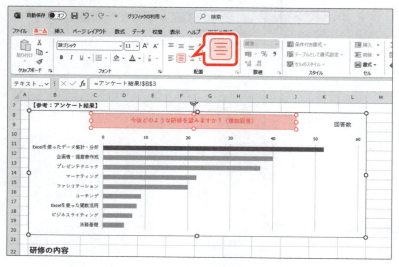

テキストボックスが塗りつぶされます。

⑤《ホーム》タブを選択します。

⑥《配置》グループの《中央揃え》をクリックします。

テキストボックス内で文字列が左右の中央に配置されます。

※テキストボックス以外の場所をクリックし、選択を解除しておきましょう。

※ブックに「グラフィックの利用完成」と名前を付けて、フォルダー「第4章」に保存し、閉じておきましょう。

POINT 画像の挿入

写真やイラストをデジタル化してファイルにしたものを「画像」といいます。パソコンに保存されている画像以外に、インターネットから画像を挿入することもできます。
画像はシートのセル内に配置したり、セルとは関係なく独立した位置に配置したりできます。
画像を挿入する方法は、次のとおりです。

◆《挿入》タブ→《図》グループの《画像の挿入》

※お使いの環境によっては、表示が異なる場合があります。

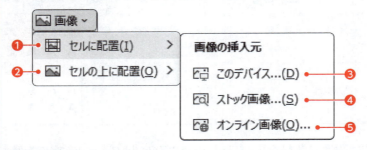

❶ **セルに配置**
画像をセル内に配置します。

❷ **セルの上に配置**
画像をセルの上に配置します。
セルとは独立しているため、挿入後、自由に動かすことができます。

❸ **このデバイス**
画像ファイルを保存している場所とファイル名を指定して、画像を挿入します。

❹ **ストック画像**
著作権がフリーの画像を挿入できます。
ストック画像は自由に使えるため、出典元や著作権を確認する手間を省くことができます。

❺ **オンライン画像**
インターネット上にあるイラストや写真などの画像を挿入できます。
キーワードを入力すると、インターネット上から目的に合った画像を検索し、ダウンロードできます。
ただし、ほとんどの画像には著作権が存在するので、安易に転用するのは禁物です。画像を転用する際には、画像を提供しているWebサイトで利用可否を確認する必要があります。

POINT 画像の編集

シートに挿入した画像は、明るさやコントラストを調整したり、鉛筆やパステルで描いたようにアート効果を付けたりして編集できます。また、編集した画像をリセットするには、《図のリセット》を使います。

明るさやコントラストの調整

◆画像を選択→《図の形式》タブ→《調整》グループの《修整》→《明るさ/コントラスト》

アート効果の設定

◆画像を選択→《図の形式》タブ→《調整》グループの《アート効果》

145

STEP UP ワードアートの挿入

「ワードアート」とは、影・3-D・グラデーションなどの効果を設定した文字列のことです。
ワードアートを挿入する方法は、次のとおりです。
◆《挿入》タブ→《テキスト》グループの《ワードアートの挿入》→一覧からスタイルを選択→文字列を入力

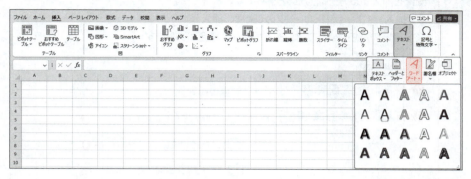

ワードアートは、《図形の書式》タブ→《ワードアートのスタイル》グループのボタンを使って、スタイルを変更したり、色を変更したりできます。

企画案　企画案　企画案

STEP UP アイコンの挿入

「アイコン」とは、ひと目で何を表しているかがわかる簡単な絵柄のことです。「人物」や「ビジネス」「動物」などの種類で絞り込んだり、キーワードで検索したりして、用途に応じたアイコンを探すことができます。
アイコンを挿入する方法は、次のとおりです。
◆《挿入》タブ→《図》グループの《アイコンの挿入》
※インターネットに接続している状態で操作します。
※お使いの環境によっては、表示が異なる場合があります。

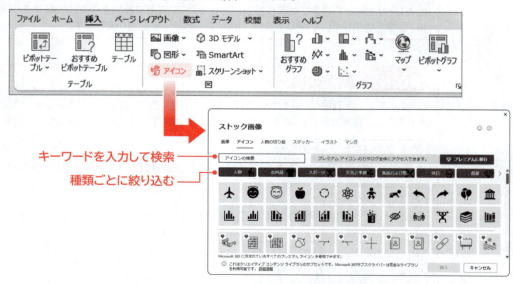

アイコンは、《グラフィックス形式》タブ→《グラフィックのスタイル》グループのボタンを使って、スタイルを適用したり、色を変更したりできます。

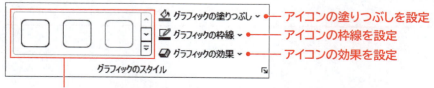

練習問題

あなたは、キッズダンススクールに勤務しており、会員数の推移をまとめた資料を作成することになりました。
完成図のようなブックを作成しましょう。

●完成図

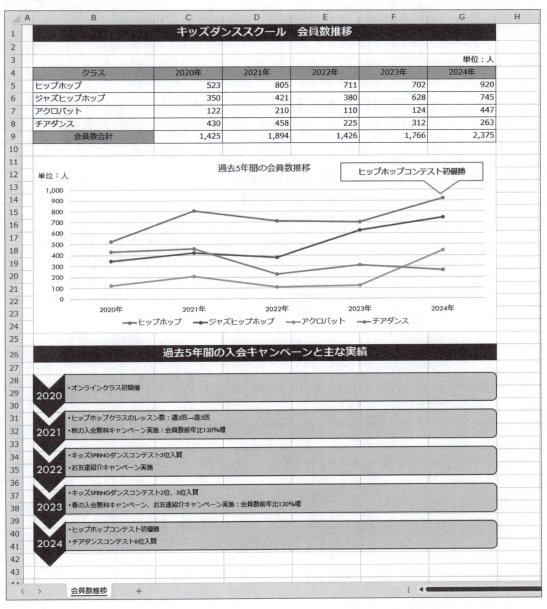

① ブックにテーマ「**インテグラル**」を適用しましょう。

② 完成図を参考に、グラフに図形「**吹き出し：四角形**」を作成し、「**ヒップホップコンテスト初優勝**」という文字列を追加しましょう。

HINT グラフ上に図形を作成するには、グラフを選択した状態で作成します。

③ 完成図を参考に、図形の位置とサイズを調整し、文字列を吹き出し内の中央に配置しましょう。

④ 図形にスタイル「**枠線のみ-水色、アクセント1**」を適用しましょう。

⑤ グラフにテキストボックスを作成し、セル【**G3**】の「**単位：人**」を参照しましょう。
次に、完成図を参考に位置とサイズを調整しましょう。

⑥ 完成図を参考に、テキストウィンドウを使って、SmartArtグラフィックに次の文字列を追加しましょう。

2024
　ヒップホップコンテスト初優勝
　チアダンスコンテスト8位入賞

---

⑦ SmartArtグラフィックの色を「**塗りつぶし-濃色2**」に変更しましょう。

※ブックに「第4章練習問題完成」と名前を付けて、フォルダー「第4章」に保存し、閉じておきましょう。

第 5 章

ピボットテーブルと
ピボットグラフの作成

この章で学ぶこと	150
STEP 1 作成するブックを確認する	151
STEP 2 ピボットテーブルを作成する	152
STEP 3 ピボットテーブルを編集する	160
STEP 4 ピボットグラフを作成する	170
練習問題	178

この章で学ぶこと

学習前に習得すべきポイントを理解しておき、
学習後には確実に習得できたかどうかを振り返りましょう。

- ■ ピボットテーブルの構成要素を理解し、説明できる。 → P.153 ☑☑☑
- ■ ピボットテーブルを作成できる。 → P.153 ☑☑☑
- ■ ピボットテーブルの値エリアに、表示形式を設定できる。 → P.157 ☑☑☑
- ■ もとの表のデータを更新したとき、ピボットテーブルに更新内容を反映できる。 → P.159 ☑☑☑
- ■ レポートフィルターを追加して、ピボットテーブルに表示する集計結果を絞り込むことができる。 → P.160 ☑☑☑
- ■ ピボットテーブルにフィールドを追加したり削除したりできる。 → P.161 ☑☑☑
- ■ ピボットテーブルの集計方法を変更できる。 → P.163 ☑☑☑
- ■ ピボットテーブルスタイルを適用できる。 → P.165 ☑☑☑
- ■ ピボットテーブルのレイアウトを変更できる。 → P.166 ☑☑☑
- ■ ピボットテーブルの詳細なデータを新しいシートに表示できる。 → P.167 ☑☑☑
- ■ レポートフィルターを利用して、項目ごとにシートを分けて表示できる。 → P.168 ☑☑☑
- ■ ピボットグラフの構成要素を理解し、説明できる。 → P.170 ☑☑☑
- ■ ピボットグラフを作成できる。 → P.171 ☑☑☑
- ■ フィールドボタンを利用して、ピボットグラフに表示する集計結果を絞り込むことができる。 → P.173 ☑☑☑
- ■ スライサーを利用して、ピボットグラフに表示する集計結果を絞り込むことができる。 → P.174 ☑☑☑
- ■ タイムラインを利用して、ピボットグラフに表示する集計結果を絞り込むことができる。 → P.176 ☑☑☑

STEP 1 作成するブックを確認する

1 作成するブックの確認

次のようなピボットテーブルとピボットグラフを作成しましょう。

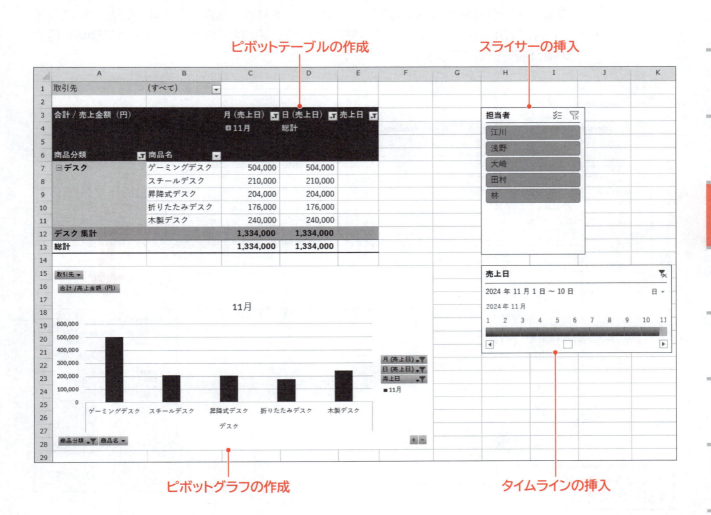

STEP 2 ピボットテーブルを作成する

1 ピボットテーブル

業務では、売上データや顧客データ、入出庫データなど日々大量のデータを扱います。これらのデータを目的に合わせてすばやく分析し、ビジネス上の意思決定や新たな価値創造につなげることが期待されています。大量のデータを様々な角度から集計したり分析したりするには、「**ピボットテーブル**」を使うと便利です。表の項目名をドラッグするだけで簡単に目的の集計表を作成できます。

表から
ピボットテーブル
を作成する

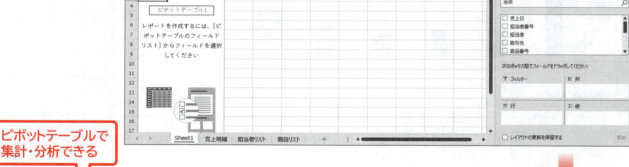

項目を配置する

ピボットテーブルで
集計・分析できる

2 ピボットテーブルの構成要素

ピボットテーブルには、次の要素があります。

❶ レポートフィルターエリア
データを絞り込んで集計するときに、条件となるフィールドを設定します。

❷ 列ラベルエリア
列方向の項目名になるデータが含まれるフィールドを設定します。

❸ 行ラベルエリア
行方向の項目名になるデータが含まれるフィールドを設定します。

❹ 値エリア
集計するデータの値が含まれるフィールドを設定します。

3 ピボットテーブルの作成

OPEN　ピボットテーブルとピボットグラフの作成

シート「**売上明細**」の売上表のデータをもとに、新しいシートに次のようなピボットテーブルを作成しましょう。

```
行ラベルエリア　：取引先
列ラベルエリア　：売上日
値エリア　　　　：売上金額（円）
```

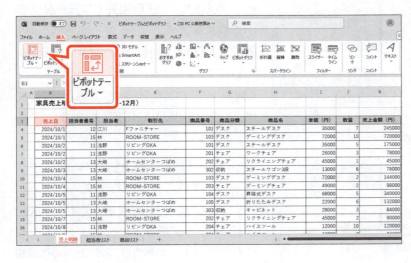

①シート「**売上明細**」のセル【B3】をクリックします。
※表内のセルであれば、どこでもかまいません。
②《**挿入**》タブを選択します。
③《**テーブル**》グループの《**ピボットテーブル**》をクリックします。

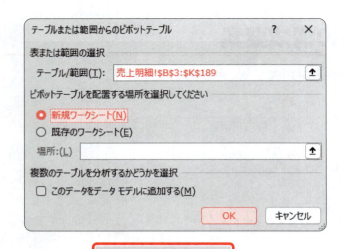

《テーブルまたは範囲からのピボットテーブル》ダイアログボックスが表示されます。

④《テーブル/範囲》に「売上明細!$B$3:$K$189」と表示されていることを確認します。
⑤《新規ワークシート》を ◉ にします。
⑥《OK》をクリックします。

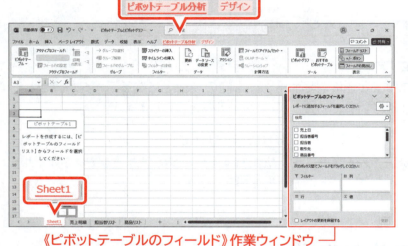

シート「Sheet1」が挿入され、《ピボットテーブルのフィールド》作業ウィンドウが表示されます。
リボンに《ピボットテーブル分析》タブと《デザイン》タブが表示されます。

※作業ウィンドウが表示されていない場合は、《ピボットテーブル分析》タブ→《表示》グループの《フィールドリスト》をクリックします。

ピボットテーブルのレイアウトを指定します。

⑦《ピボットテーブルのフィールド》作業ウィンドウの「取引先」を《行》のボックスにドラッグします。

《行》のボックスにドラッグすると、マウスポインターの形が に変わります。

行ラベルエリアに「取引先」のデータが表示されます。

⑧「売上日」を《列》のボックスにドラッグします。

《列》のボックスにドラッグすると、マウスポインターの形が に変わります。

列ラベルエリアに「売上日」が月単位でグループ化されて表示されます。

⑨「売上金額(円)」を《値》のボックスにドラッグします。

※表示されていない場合は、スクロールして調整します。

《値》のボックスにドラッグすると、マウスポインターの形が に変わります。

値エリアに「**売上金額（円）**」の集計結果が表示されます。
取引先別と売上日別に売上金額を集計するピボットテーブルが作成されます。

STEP UP　その他の方法（フィールドの追加）

◆《ピボットテーブルのフィールド》作業ウィンドウのフィールド名を右クリック→《レポートフィルターに追加》／《行ラベルに追加》／《列ラベルに追加》／《値に追加》

POINT　値エリアの集計方法

データの種類	集計方法
数値	合計
文字列	データの個数
日付	データの個数

値エリアの集計方法は、値エリアに配置するフィールドのデータの種類によって異なります。
初期の設定では、次のように集計されますが、集計方法はあとから変更できます。
※集計方法を変更する方法は、P.163「3 集計方法の変更」で学習します。

POINT　《ピボットテーブルのフィールド》作業ウィンドウ

《ピボットテーブルのフィールド》作業ウィンドウを使って、ピボットテーブルのフィールドの配置や設定を変更することができます。

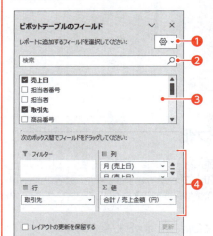

❶ツール
作業ウィンドウのレイアウトを変更します。フィールドリストの表示が狭くて操作しにくい場合に便利です。

❷検索ボックス
フィールドを検索します。フィールド名を入力すると、目的のフィールドをすぐに表示できます。

❸フィールドリスト
元になる表のフィールドが表示されます。

❹各ボックス
ピボットテーブルの項目を配置します。ボックス内に配置したフィールド名をクリックするとメニューが表示され、上下やエリアを移動したり、削除したり、設定を変更したりできます。

STEP UP　おすすめピボットテーブル

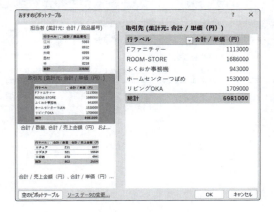

「おすすめピボットテーブル」を使うと、選択しているデータに適した数種類のピボットテーブルから選択して、ピボットテーブルを作成できます。
おすすめピボットテーブルを作成する方法は、次のとおりです。

◆表内のセルを選択→《挿入》タブ→《テーブル》グループの《おすすめピボットテーブル》

155

4 フィールドの詳細表示

フィールドに日付のデータを配置すると、日付が自動的にグループ化され、月ごとのデータが表示されます。
必要に応じて、日ごとのデータを表示したり、月ごとのデータを表示したりできます。
10月を日ごとの表示にし、詳細データを確認しましょう。

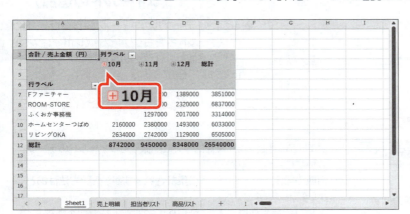

①「10月」の左側の ➕ をクリックします。

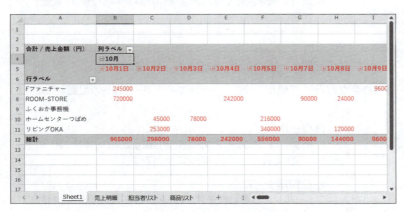

10月の詳細データが表示されます。

※「10月」の左側の ➖ をクリックし、月ごとの表示にしておきましょう。

STEP UP フィールドのグループ化

列ラベルエリアや行ラベルエリアに配置した日付フィールドは、自動的に月ごとにグループ化されますが、必要に応じて、四半期単位や年単位などにグループ化して表示できます。また、数値フィールドは、10単位、100単位のようにグループ化して表示できます。また、《グループ解除》をクリックして、グループ化を解除することができます。

フィールドをグループ化したり、解除したりするには、《ピボットテーブル分析》タブ→《グループ》グループのボタンを使います。

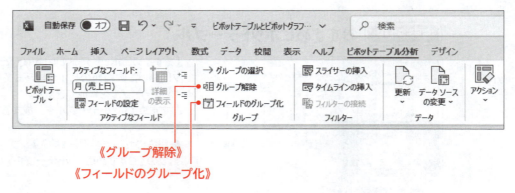

《グループ解除》
《フィールドのグループ化》

5 表示形式の設定

値エリアの数値に、3桁区切りカンマを付けましょう。

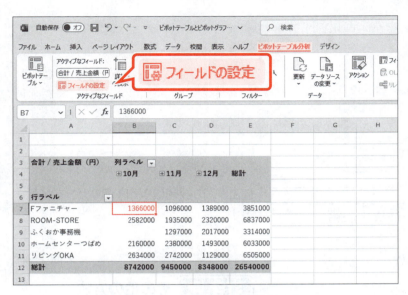

値エリアのセルを選択します。
①セル【B7】をクリックします。
※値エリアのセルであれば、どこでもかまいません。
②《ピボットテーブル分析》タブを選択します。
③《アクティブなフィールド》グループの《フィールドの設定》をクリックします。

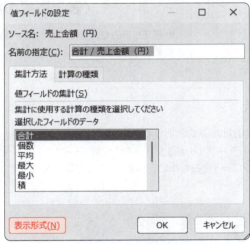

《値フィールドの設定》ダイアログボックスが表示されます。
④《表示形式》をクリックします。

《セルの書式設定》ダイアログボックスが表示されます。
⑤《分類》の一覧から《数値》を選択します。
⑥《桁区切り(,)を使用する》を☑にします。
⑦《OK》をクリックします。

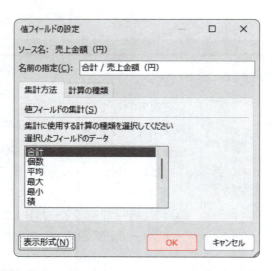

《値フィールドの設定》ダイアログボックスに戻ります。

⑧《OK》をクリックします。

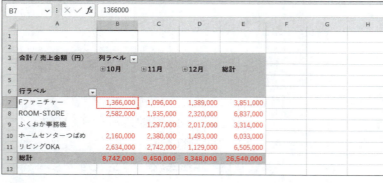

値エリアの数値に3桁区切りカンマが付きます。

STEP UP　その他の方法（表示形式の設定）

◆値エリアのセルを右クリック→《値フィールドの設定》→《表示形式》

STEP UP　空白セルに値を表示

値エリアの空白セルに、「0（ゼロ）」を表示する方法は、次のとおりです。

◆ピボットテーブル内のセルを選択→《ピボットテーブル分析》タブ→《ピボットテーブル》グループの《ピボットテーブルオプション》→《レイアウトと書式》タブ→《空白セルに表示する値》に「0」と入力

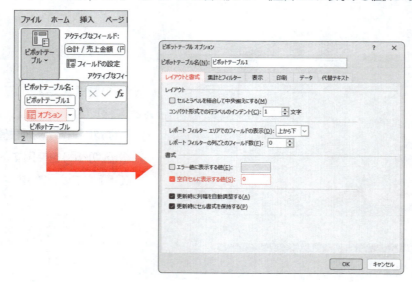

STEP UP　ピボットテーブルのもとになる表の表示形式

ピボットテーブルのもとになる表の値に表示形式が設定されていると、ピボットテーブルの値エリアに配置したデータに表示形式が引き継がれます。

※お使いの環境によっては、表示形式は引き継がれない場合があります。

6 データの更新

作成したピボットテーブルは、もとの表のデータと連動しています。表のデータを変更した場合には、ピボットテーブルのデータを更新して、最新の集計結果を表示します。
シート「売上明細」のセル【J4】を「10」に変更し、ピボットテーブルのデータを更新しましょう。

現在の集計結果を確認します。
①ピボットテーブルのセル【B7】が「1,366,000」になっていることを確認します。

②シート「売上明細」のシート見出しをクリックします。
③セル【J4】に「10」と入力します。

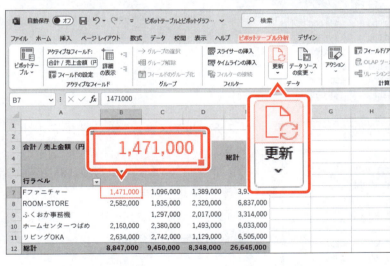

④シート「Sheet1」のシート見出しをクリックします。
⑤セル【B7】が選択されていることを確認します。
※ピボットテーブル内のセルであれば、どこでもかまいません。
⑥《ピボットテーブル分析》タブを選択します。
⑦《データ》グループの《更新》をクリックします。
⑧セル【B7】が「1,471,000」に変更されることを確認します。

STEP UP データの更新

データの更新は手動で更新する以外に、ブックを開くときに常に最新のデータに更新されるように設定できます。ブックを開くときにピボットテーブルのデータが更新されるようにする方法は、次のとおりです。

◆ピボットテーブル内のセルを選択→《ピボットテーブル分析》タブ→《ピボットテーブル》グループの《ピボットテーブルオプション》→《データ》タブ→《☑ファイルを開くときにデータを更新する》

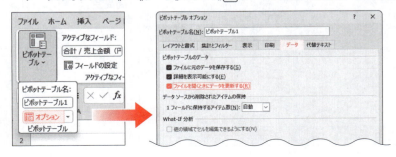

STEP 3 ピボットテーブルを編集する

1 レポートフィルターの追加

レポートフィルターエリアにフィールドを配置すると、データを絞り込んで集計結果を表示できます。レポートフィルターエリアに**「商品名」**を配置して、**「スチールデスク」**の集計結果を表示しましょう。

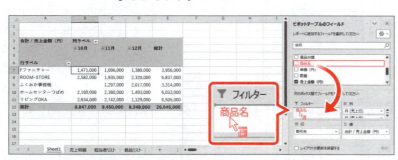

①《ピボットテーブルのフィールド》作業ウィンドウの**「商品名」**を《フィルター》のボックスにドラッグします。

《フィルター》のボックスにドラッグすると、マウスポインターの形が に変わります。

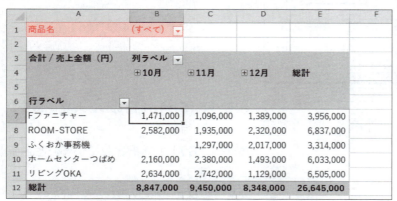

レポートフィルターエリアに**「商品名」**が表示されます。

※「商品名」の《(すべて)》は、現在の集計結果がすべての商品名の集計結果であることを示します。

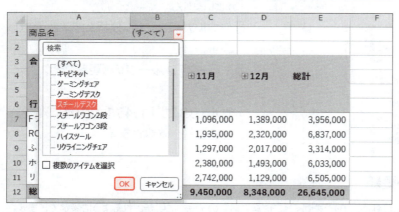

「スチールデスク」の集計結果を表示します。

②レポートフィルターエリアの**「商品名」**の▼をクリックします。

③**「スチールデスク」**をクリックします。

④《OK》をクリックします。

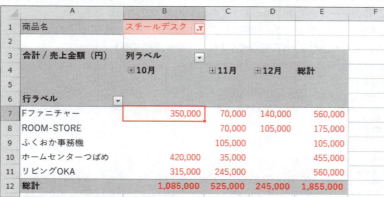

「スチールデスク」の集計結果が表示されます。

※「商品名」の▼にフィルターマークが表示されます。

	A	B	C	D	E	F
1	商品名	(すべて) ▼				
2						
3	合計 / 売上金額（円）	列ラベル ▼				
4		⊞10月	⊞11月	⊞12月	総計	
5						
6	行ラベル ▼					
7	Fファニチャー	1,471,000	1,096,000	1,389,000	3,956,000	
8	ROOM-STORE	2,582,000	1,935,000	2,320,000	6,837,000	
9	ふくおか事務機		1,297,000	2,017,000	3,314,000	
10	ホームセンターつばめ	2,160,000	2,380,000	1,493,000	6,033,000	
11	リビングOKA	2,634,000	2,742,000	1,129,000	6,505,000	
12	総計	8,847,000	9,450,000	8,348,000	26,645,000	

レポートフィルターの絞り込みを解除します。

⑤「**商品名**」の▼をクリックします。
⑥《**(すべて)**》をクリックします。
⑦《**OK**》をクリックします。

レポートフィルターの絞り込みが解除されます。

STEP UP 行ラベルエリア・列ラベルエリアのフィルター

行ラベルエリアや列ラベルエリアにも▼が表示されます。クリックして一覧からデータを絞り込むことができます。

---

2 フィールドの変更

ピボットテーブルは、フィールドを入れ替えたり、フィールドを追加したりして簡単にレイアウトを変更できます。

1 フィールドの入れ替え

レポートフィルターエリアの「**商品名**」と行ラベルエリアの「**取引先**」を入れ替えましょう。

①《**フィルター**》のボックスの「**商品名**」を《**行**》のボックスにドラッグします。

《**行**》のボックスにドラッグすると、マウスポインターの形が ≡ に変わります。

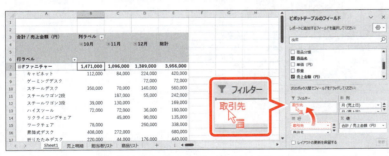

②《**行**》のボックスの「**取引先**」を《**フィルター**》のボックスにドラッグします。

《**フィルター**》のボックスにドラッグすると、マウスポインターの形が ≡ に変わります。

「**商品名**」と「**取引先**」が入れ替わり、値エリアの数値が変わります。

161

2 フィールドの追加

各エリアには、複数のフィールドを配置できます。
行ラベルエリアの「**商品名**」の上に「**商品分類**」を追加しましょう。

①《ピボットテーブルのフィールド》作業ウィンドウの「**商品分類**」を《行》のボックスの「**商品名**」の上にドラッグします。

《行》のボックスにドラッグすると、マウスポインターの形が変わります。

※「商品名」の上に線が表示されたら、マウスの手を離します。

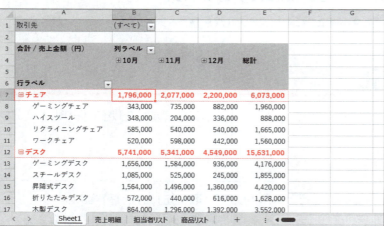

行ラベルエリアに「**商品分類**」のデータが追加されます。

※スクロールして確認しておきましょう。

STEP UP フィールドの展開／折りたたみ

列ラベルエリアや行ラベルエリアにフィールドを複数配置すると、自動的に ⊟ が表示されます。⊟ をクリックすると詳細が折りたたまれ、⊞ をクリックすると展開されます。
《ピボットテーブル分析》タブ→《アクティブなフィールド》グループの《フィールドの折りたたみ》や《フィールドの展開》をクリックすると、まとめて折りたたみや展開ができます。

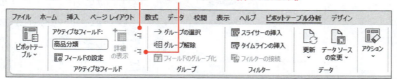

---

3 フィールドの削除

不要なフィールドは、削除できます。
行ラベルエリアから「**商品名**」を削除しましょう。

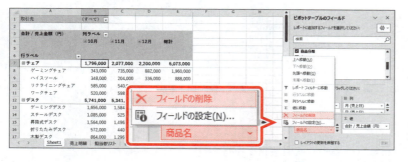

①《行》のボックスの「**商品名**」をクリックします。

②《フィールドの削除》をクリックします。

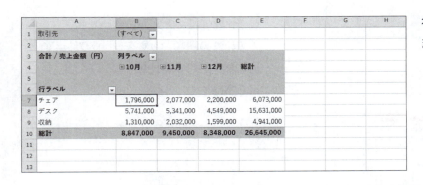

行ラベルエリアから「**商品名**」が削除されます。

STEP UP その他の方法（フィールドの削除）

◆《ピボットテーブルのフィールド》作業ウィンドウのフィールド名を □ にする
◆《ピボットテーブルのフィールド》作業ウィンドウのボックス内のフィールド名を作業ウィンドウ以外の場所にドラッグ
◆削除するフィールドのセルを右クリック→《"フィールド名"の削除》

3 集計方法の変更

値エリアの集計方法を「**平均**」「**最大値**」「**最小値**」などに変更できます。また、全体の合計に対する比率や、列や行の合計に対する比率に変更することもできます。
全体の総計を100%とした場合の、売上構成比が表示されるように集計方法を変更しましょう。

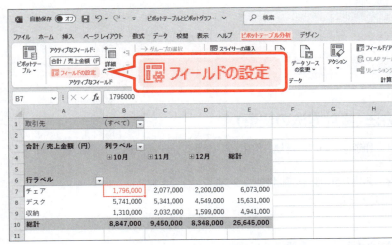

値エリアのセルを選択します。
①セル【B7】をクリックします。
※値エリアのセルであれば、どこでもかまいません。
②《**ピボットテーブル分析**》タブを選択します。
③《**アクティブなフィールド**》グループの《**フィールドの設定**》をクリックします。

《**値フィールドの設定**》ダイアログボックスが表示されます。
④《**集計方法**》タブを選択します。
⑤計算の種類が《**合計**》になっていることを確認します。

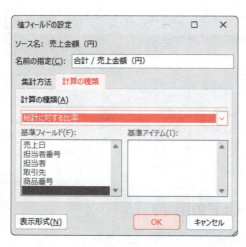

⑥《計算の種類》タブを選択します。
⑦《計算の種類》の▼をクリックします。
⑧《総計に対する比率》をクリックします。
⑨《OK》をクリックします。

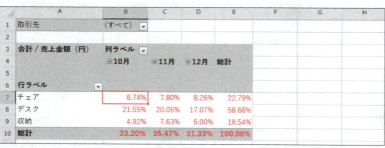

全体の総計を100%とした場合の、それぞれの売上構成比が表示されます。

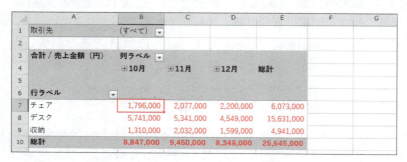

⑩集計方法を元に戻します。
※《アクティブなフィールド》グループの《フィールドの設定》→《計算の種類》タブ→《計算の種類》の▼→《計算なし》→《OK》をクリックします。

STEP UP その他の方法（集計方法の変更）

◆《ピボットテーブルのフィールド》作業ウィンドウの《値》のボックスからフィールドを選択→《値フィールドの設定》→《集計方法》タブ
◆値エリアを右クリック→《値フィールドの設定》→《集計方法》タブ
◆値エリアを右クリック→《値の集計方法》

STEP UP その他の方法（計算の種類の変更）

◆《ピボットテーブルのフィールド》作業ウィンドウの《値》のボックスからフィールドを選択→《値フィールドの設定》→《計算の種類》タブ
◆値エリアを右クリック→《値フィールドの設定》→《計算の種類》タブ
◆値エリアを右クリック→《計算の種類》

STEP UP 計算の種類

全体に対する比率だけでなく、列方向や行方向に対する比率を表示することもできます。

●列集計に対する比率
各列の総計を100%にした場合のそれぞれの比率を求めます。

●行集計に対する比率
各行の総計を100%にした場合のそれぞれの比率を求めます。

4 ピボットテーブルスタイルの適用

ピボットテーブルを作成すると「ピボットテーブルスタイル」が適用されます。ピボットテーブルスタイルは自由に変更できます。
ピボットテーブルに、スタイル「**薄い緑, ピボットスタイル（中間）11**」を適用しましょう。

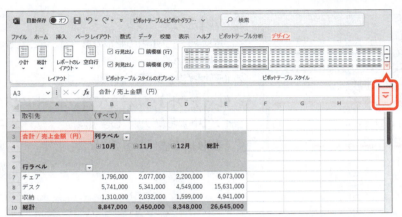

① セル【A3】をクリックします。
※ピボットテーブル内のセルであれば、どこでもかまいません。
② 《デザイン》タブを選択します。
③ 《ピボットテーブルスタイル》グループの ▽ をクリックします。

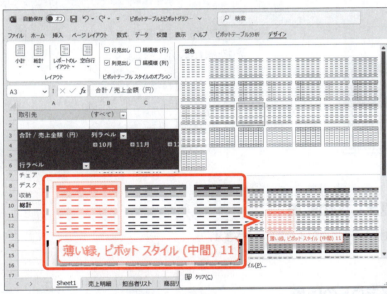

④ 《中間》の《薄い緑, ピボットスタイル（中間）11》をクリックします。
※一覧をポイントすると、設定後のイメージを画面で確認できます。

ピボットテーブルスタイルが適用されます。

5 ピボットテーブルのレイアウトの設定

ピボットテーブルのレイアウトには、「コンパクト形式」「アウトライン形式」「表形式」があります。ピボットテーブルのレイアウトを「表形式」に変更しましょう。表形式に変更すると、フィールド名と、ピボットテーブル内の行や列の間を区切る枠線が表示され、見やすくなります。

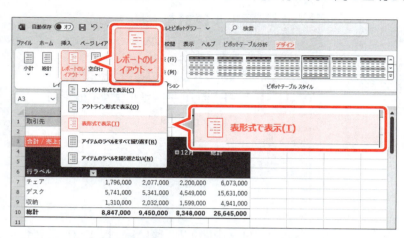

①セル【A3】をクリックします。
※ピボットテーブル内のセルであれば、どこでもかまいません。
②《デザイン》タブを選択します。
③《レイアウト》グループの《レポートのレイアウト》をクリックします。
④《表形式で表示》をクリックします。

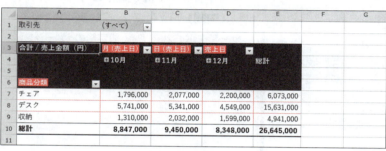

レイアウトが表形式になり、フィールド名と枠線が表示されます。

STEP UP　エリアの見出し名の変更

各エリアの見出し名は、セルに直接入力して変更することができます。

STEP UP　既定のレイアウトの編集

ピボットテーブルの既定のレイアウトを編集することができます。新しくピボットテーブルを作成したときに、設定したレイアウトで表示されます。よく使うレイアウトを既定のレイアウトにしておくと便利です。
既定のレイアウトを設定する方法は、次のとおりです。

◆ピボットテーブル内をクリック→《ファイル》タブ→《オプション》→左側の一覧から《データ》を選択→《既定のレイアウトの編集》→《インポート》

※既定のレイアウトを元に戻すには、《ファイル》タブ→《オプション》→左側の一覧から《データ》を選択→《既定のレイアウトの編集》→《Excelの既定値にリセット》をクリックします。

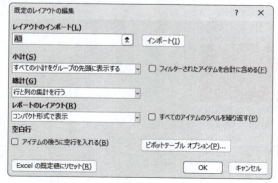

6 詳細データの表示

値エリアの詳細データを新しいシートに表示できます。ピボットテーブル内で気になる部分の詳細を確認するときに便利です。
現在のピボットテーブル内で、売上金額が最も高い「**デスク**」の「**10月**」の詳細データを、新しいシートに表示しましょう。

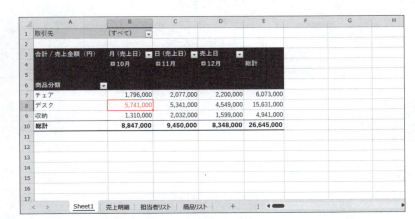

①セル**【B8】**をダブルクリックします。

シート「**詳細1**」が挿入され、詳細データが表示されます。

※お使いの環境によっては、シート名や詳細データの開始位置などが異なる場合があります。
※すべてのデータが表示されていない場合は、列の幅を調整しておきましょう。
※選択を解除しておきましょう。

> **POINT 詳細データの更新**
> 詳細データは、もとの表の数値が変更されても更新されません。更新が必要な場合は、再度、詳細データのシートを作成します。

> **POINT 詳細データの並べ替え・抽出**
> 詳細データの表は、テーブルとして表示されます。目的に合わせて並べ替えをするとよいでしょう。
> 項目名の▼をクリックすると、簡単に昇順や降順に並べ替えることができます。
>
>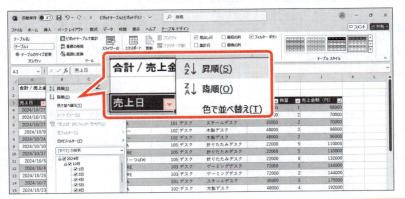

7 レポートフィルターページの表示

レポートフィルターエリアに配置したフィールドは、項目ごとにシートを分けて表示できます。取引先別のピボットテーブルを、それぞれ新しいシートに作成しましょう

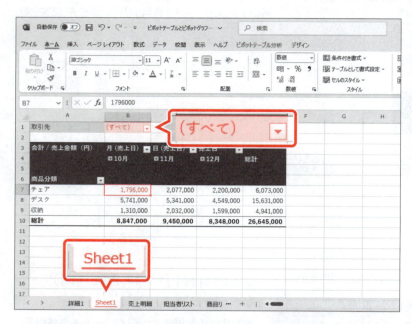

①シート「**Sheet1**」のシート見出しをクリックします。

②レポートフィルターが「（すべて）」になっていることを確認します。

③セル【B7】が選択されていることを確認します。

※ピボットテーブル内のセルであれば、どこでもかまいません。

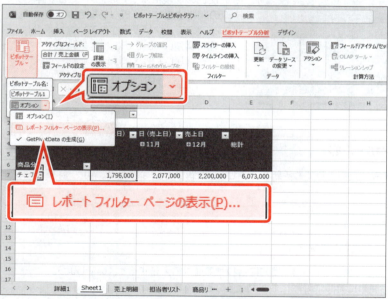

④《ピボットテーブル分析》タブを選択します。

⑤《ピボットテーブル》グループの《ピボットテーブルオプション》の▼をクリックします。

⑥《レポートフィルターページの表示》をクリックします。

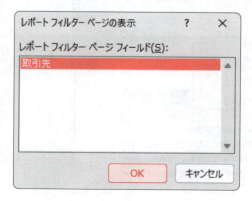

《レポートフィルターページの表示》ダイアログボックスが表示されます。

⑦「取引先」が選択されていることを確認します。

⑧《OK》をクリックします。

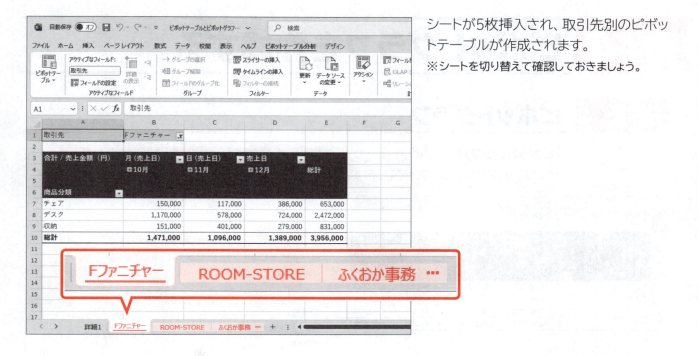

シートが5枚挿入され、取引先別のピボットテーブルが作成されます。

※シートを切り替えて確認しておきましょう。

STEP UP シートの選択

見出しスクロールボタンを右クリックすると、《シートの選択》ダイアログボックスが表示されます。ブックに含まれるシートの一覧から選択し、シートを切り替えることができるので、シートが多いときやシート名が長いときなどに便利です。

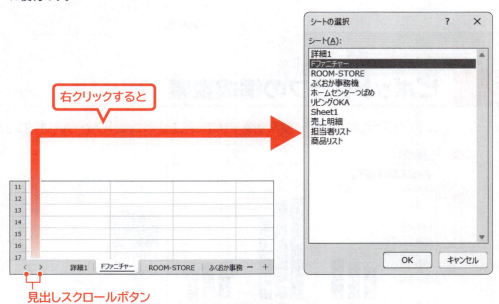

STEP 4 ピボットグラフを作成する

1 ピボットグラフ

「ピボットグラフ」とはピボットテーブルをもとに作成するグラフです。視覚的に分析したい場合には、ピボットグラフを作成します。

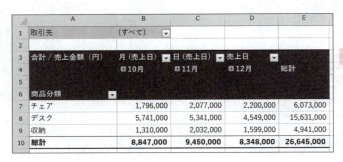

ピボットテーブルから
ピボットグラフが作成される

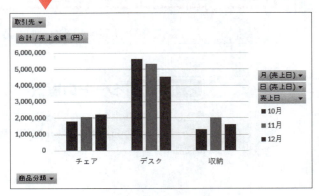

2 ピボットグラフの構成要素

ピボットグラフには、次の要素があります。各エリアには、「フィールドボタン」が表示されます。

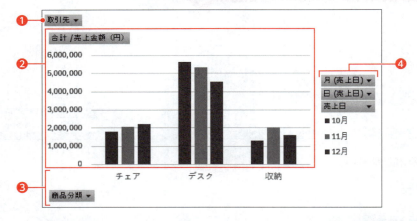

❶ レポートフィルターエリア
データを絞り込んで集計するときに、条件となるフィールドを設定します。

❷ 値エリア
データ系列になるフィールドを設定します。

❸ 軸（分類項目）エリア
項目軸になるフィールドを設定します。
ピボットテーブルでは、行ラベルエリアに相当します。

❹ 凡例（系列）エリア
凡例になるフィールドを設定します。
ピボットテーブルでは、列ラベルエリアに相当します。

3 ピボットグラフの作成

シート「Sheet1」のピボットテーブルをもとに、ピボットグラフを作成しましょう。

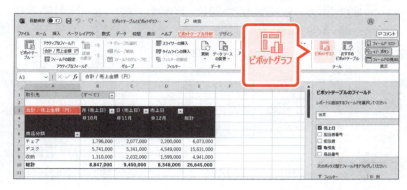

ピボットテーブルを選択します。
①シート「Sheet1」のセル【A3】をクリックします。
※ピボットテーブル内のセルであれば、どこでもかまいません。
②《ピボットテーブル分析》タブを選択します。
③《ツール》グループの《ピボットグラフ》をクリックします。

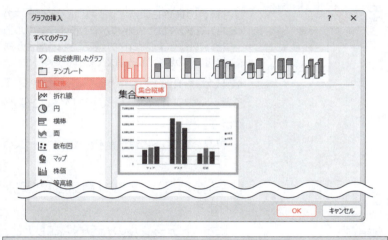

《グラフの挿入》ダイアログボックスが表示されます。
④左側の一覧から《縦棒》を選択します。
⑤右側の一覧から《集合縦棒》を選択します。
⑥《OK》をクリックします。

ピボットグラフが作成されます。
リボンに《ピボットグラフ分析》タブ・《デザイン》タブ・《書式》タブが表示されます。
※表示されない場合は、グラフをクリックして選択しましょう。
※作業ウィンドウのタイトルが「ピボットグラフのフィールド」に変わります。
※お使いの環境によっては、作業ウィンドウのタイトルが変わらない場合があります。

STEP UP その他の方法(ピボットグラフの作成)

◆ピボットテーブル内のセルを選択→《挿入》タブ→《グラフ》グループの《ピボットグラフ》

STEP UP ピボットテーブルとピボットグラフを同時に作成する

表のデータをもとに、ピボットテーブルとピボットグラフを同時に作成する方法は、次のとおりです。
◆表内のセルを選択→《挿入》タブ→《グラフ》グループの《ピボットグラフ》の▼→《ピボットグラフとピボットテーブル》

4 フィールドの変更

ピボットグラフもピボットテーブルと同様に、フィールドを追加したり、削除したりできます。ピボットグラフの変更は、自動的にピボットテーブルに反映されます。また、ピボットテーブルの変更もピボットグラフに反映されます。

軸（分類項目）エリアの**「商品分類」**の下に**「商品名」**を追加しましょう。

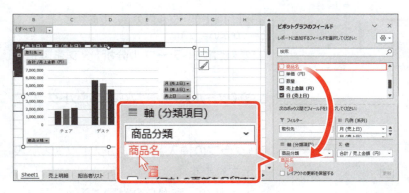

ピボットグラフを選択します。

① ピボットグラフをクリックします。

② 《ピボットグラフのフィールド》作業ウィンドウの**「商品名」**を《軸（分類項目）》のボックスの**「商品分類」**の下にドラッグします。

※お使いの環境によっては、《ピボットグラフのフィールド》作業ウィンドウが《ピボットテーブルのフィールド》作業ウィンドウと表示される場合があります。その場合、読み替えて操作してください。

《軸（分類項目）》のボックスにドラッグすると、マウスポインターの形が に変わります。

※「商品分類」の下に線が表示されたら、マウスの手を離します。

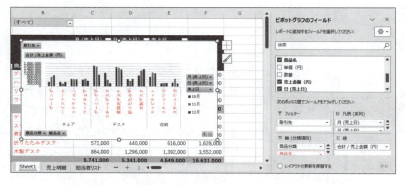

軸（分類項目）エリアに**「商品名」**が追加されます。

③ ピボットテーブルの行ラベルエリアと、ピボットグラフの項目軸に**「商品名」**が追加されていることを確認します。

※グラフを移動して確認しておきましょう。

POINT フィールドの削除

ピボットグラフのフィールドを削除する方法は、次のとおりです。

◆《ピボットグラフのフィールド》作業ウィンドウのボックスの削除するフィールドをクリック→《フィールドの削除》

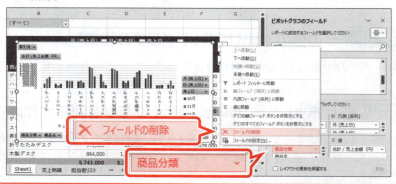

POINT ピボットグラフの編集

ピボットグラフは、通常のグラフと同様に書式などを編集できます。

5 データの絞り込み

ピボットグラフのフィールドボタンを使うと、項目を絞り込んで表示できます。
「商品分類」を「デスク」のデータに絞り込んでピボットグラフに表示しましょう。

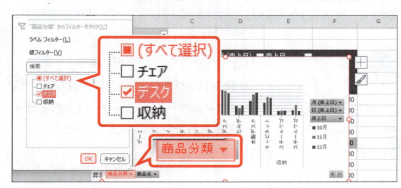

① ピボットグラフを選択します。
② 「商品分類」のフィールドボタンをクリックします。
③ 《(すべて選択)》を☐にします。
※下位の項目がすべて☐になります。
④ 「デスク」を☑にします。
⑤ 《OK》をクリックします。

ピボットグラフにデスクのデータだけが表示されます。

POINT 絞り込みの解除

ピボットグラフの軸(分類項目)や凡例(系列)の絞り込みを解除し、すべてのデータを表示する方法は、次のとおりです。

◆フィールドボタン→《☑(すべて選択)》→《OK》

※ピボットグラフのレポートフィルターの絞り込みを解除し、すべてのデータを表示する場合は、《(すべて選択)》が《(すべて)》と表示されます。

Let's Try ためしてみよう

ピボットグラフをセル範囲【A15:F28】に配置しましょう。

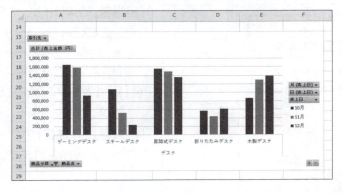

Let's Try Answer

① グラフエリアをドラッグし、移動(目安:セル【A15】)
② グラフエリア右下の〇(ハンドル)をドラッグし、サイズを変更(目安:セル【F28】)

6 スライサーの利用

「スライサー」を使うと、ピボットテーブルの集計対象がアイテムとして表示され、アイテムをクリックするだけで集計対象を絞り込んで結果を表示できます。
「担当者」のスライサーを表示し、「担当者」を「浅野」と「大崎」に絞り込んでピボットグラフに表示しましょう。

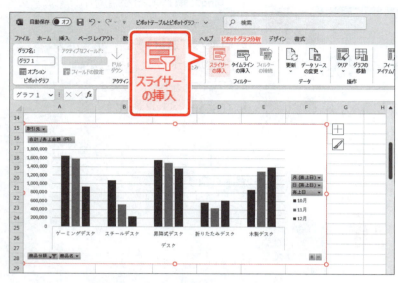

①ピボットグラフを選択します。
②《ピボットグラフ分析》タブを選択します。
③《フィルター》グループの《スライサーの挿入》をクリックします。

《スライサーの挿入》ダイアログボックスが表示されます。
④「担当者」を☑にします。
⑤《OK》をクリックします。

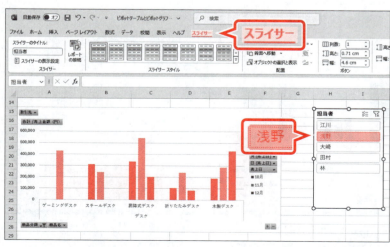

「担当者」のスライサーが表示されます。
リボンに《スライサー》タブが表示されます。
※ピボットテーブルやピボットグラフと重ならない位置にスライサーを移動しておきましょう。
⑥「担当者」のスライサーの「浅野」をクリックします。

「担当者」が「浅野」のデータだけがピボットグラフに表示されます。

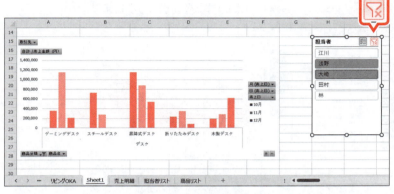

⑦《複数選択》をクリックします。
※ボタンがオン（黄色）になります。
⑧「担当者」のスライサーの「大崎」をクリックします。

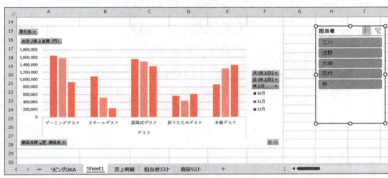

「担当者」が「浅野」と「大崎」のデータだけがピボットグラフに表示されます。
すべてのデータを表示します。
⑨スライサーの《フィルターのクリア》をクリックします。

すべてのデータが表示されます。

POINT スライサーの削除

スライサーを削除する方法は、次のとおりです。
◆スライサーを選択→ Delete

STEP UP スライサーのスタイル

ピボットテーブルやピボットグラフのデザインに合わせて、スライサーにもスタイルを適用できます。
スライサーにスタイルを適用する方法は、次のとおりです。
◆スライサーを選択→《スライサー》タブ→《スライサースタイル》グループの ▽

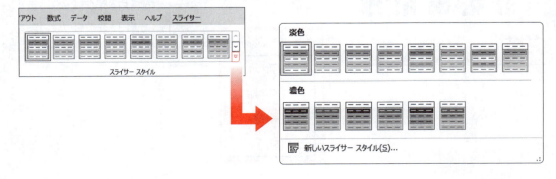

175

7 タイムラインの利用

日付データを含む表から作成したピボットテーブルやピボットグラフは、「**タイムライン**」を使うと、集計対象となる期間を簡単に絞り込むことができます。
タイムラインを表示し、「**売上日**」を「**2024年11月1日～2024年11月10日**」に絞り込んでピボットグラフに表示しましょう。

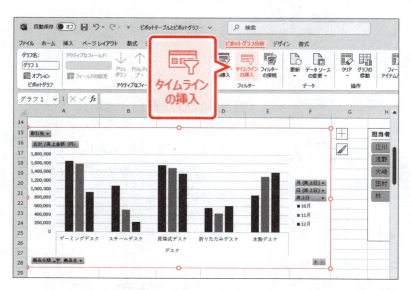

①ピボットグラフを選択します。
②《**ピボットグラフ分析**》タブを選択します。
③《**フィルター**》グループの《**タイムラインの挿入**》をクリックします。

《**タイムラインの挿入**》ダイアログボックスが表示されます。
④「**売上日**」を☑にします。
⑤《**OK**》をクリックします。

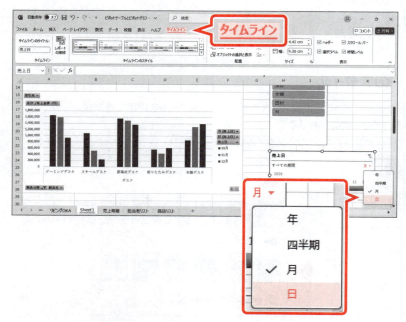

「**売上日**」のタイムラインが表示されます。
リボンに《**タイムライン**》タブが表示されます。

※ピボットテーブルやピボットグラフと重ならない位置にスライサーとタイムラインを移動しておきましょう。

タイムラインを日ごとの表示にします。
⑥《**月**》をクリックします。
⑦《**日**》をクリックします。

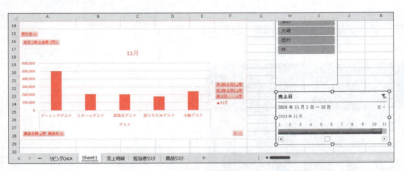

タイムラインが日ごとの表示になります。

⑧「2024年11月」の「1」から「10」をドラッグします。

※タイムライン内のスクロールバーを使って、2024年11月を表示しましょう。

「売上日」が「2024年11月1日～2024年11月10日」のデータがピボットグラフに表示されます。

※ブックに「ピボットテーブルとピボットグラフの作成完成」と名前を付けて、フォルダー「第5章」に保存し、閉じておきましょう。

POINT　フィルターのクリア

タイムラインの《フィルターのクリア》をクリックすると、フィルターが解除され、すべてのデータが表示されます。

《フィルターのクリア》

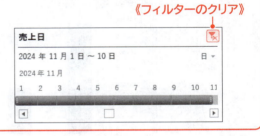

POINT　タイムラインの削除

タイムラインを削除する方法は、次のとおりです。

◆タイムラインを選択→ Delete

STEP UP　タイムラインのスタイル

ピボットテーブルやピボットグラフのデザインに合わせて、タイムラインにもスタイルを適用できます。
タイムラインにスタイルを適用する方法は、次のとおりです。

◆タイムラインを選択→《タイムライン》タブ→《タイムラインのスタイル》グループの

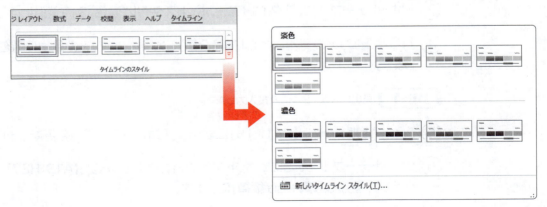

177

練習問題

PDF 標準解答 ▶ P.9

あなたは、オンラインショップの上期の売上を分析して、報告することになりました。
完成図のようなピボットテーブルとピボットグラフを作成しましょう。

●完成図

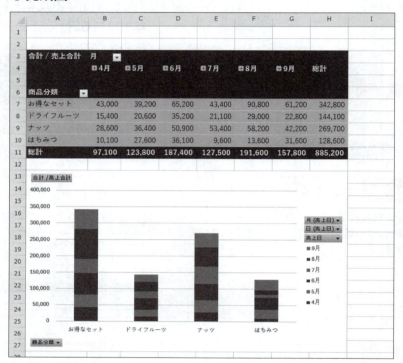

① 表のデータをもとに、次のようなピボットテーブルを新しいシートに作成しましょう。

| 行ラベルエリア ： 商品分類 |
| 列ラベルエリア ： 売上日 |
| 値エリア   ： 売上合計 |

② 値エリアの数値に、3桁区切りカンマを付けましょう。

③ ピボットテーブルに、スタイル「**茶, ピボットスタイル (濃色) 3**」を適用しましょう。

④ 行ラベルエリアの見出し名を「**商品分類**」、列ラベルエリアの見出し名を「**月**」に変更しましょう。

HINT 見出し名は、セルに直接入力します。

⑤ シート「**上期**」のセル【H4】を「5」に変更し、ピボットテーブルを更新しましょう。

⑥ ピボットテーブルをもとにピボットグラフを作成し、セル範囲【A13:H27】に配置しましょう。グラフの種類は「**積み上げ縦棒**」にします。

※ブックに「第5章練習問題完成」と名前を付けて、フォルダー「第5章」に保存し、閉じておきましょう。

第6章

データベースの活用

この章で学ぶこと ……………………………………………………… 180

STEP 1 操作するデータベースを確認する ……………………………… 181

STEP 2 データを集計する ……………………………………………… 182

STEP 3 データをインポートする ……………………………………… 190

練習問題 ……………………………………………………………… 194

この章で学ぶこと

学習前に習得すべきポイントを理解しておき、
学習後には確実に習得できたかどうかを振り返りましょう。

■ 集計の実行手順を理解し、説明できる。　→ P.182

■ 表のデータをグループごとに集計できる。　→ P.183

■ 集計行が追加されている表に対して、さらに集計行を追加できる。　→ P.186

■ アウトラインを使って、必要な行だけを表示できる。　→ P.188

■ テキストファイルをテーブルとしてインポートできる。　→ P.190

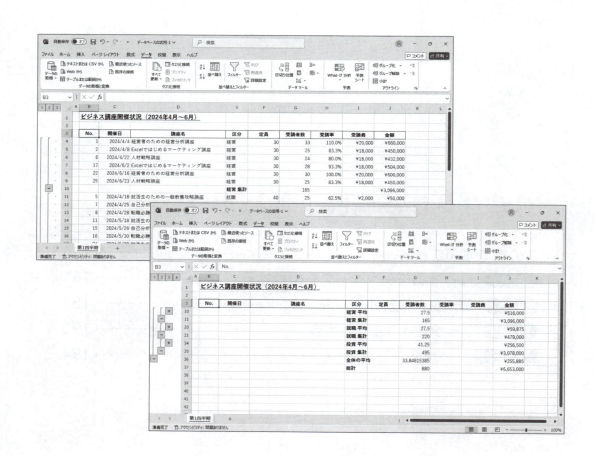

STEP 1 操作するデータベースを確認する

1 操作するデータベースの確認

次のようにデータベースを操作しましょう。

	No.	開催日	講座名	区分	定員	受講者数	受講率	受講費	金額
				経営 平均		27.5			¥516,000
				経営 集計		165			¥3,096,000
				就職 平均		27.5			¥59,875
				就職 集計		220			¥479,000
				投資 平均		41.25			¥256,500
				投資 集計		495			¥3,078,000
				全体の平均		33.84615385			¥255,885
				総計		880			¥6,653,000

ビジネス講座開催状況（2024年4月〜6月）

← データの集計

第1四半期

ビジネス講座開催状況（2024年7月〜9月）

No.	開催日	講座名	区分	定員	受講者数	受講率	受講費	金額
17	2024/8/25	個人投資家のための株式投資講座	投資	50	52	104.0%	¥18,000	¥936,000
6	2024/7/19	これからはじめるオンライン株取引講座	投資	50	48	96.0%	¥18,000	¥864,000
2	2024/7/5	自己分析・自己表現講座	就職	40	29	72.5%	¥18,000	¥522,000
22	2024/9/12	転職必勝ガイド！面接試験突破講座	就職	20	25	125.0%	¥20,000	¥500,000
25	2024/9/23	自己分析・自己表現講座	就職	40	25	62.5%	¥18,000	¥450,000
1	2024/7/3	経営者のための経営分析講座	経営	30	22	73.3%	¥20,000	¥440,000
20	2024/9/1	就活生のための一般教養攻略講座	就職	40	31	77.5%	¥10,000	¥310,000
4	2024/7/6	これからはじめるオンライン株取引講座	投資	50	51	102.0%	¥6,000	¥306,000
14	2024/8/12	個人投資家のための株式投資講座	投資	50	49	98.0%	¥6,000	¥294,000
21	2024/9/5	これからはじめるオンライン株取引講座	投資	50	47	94.0%	¥6,000	¥282,000
13	2024/8/10	経営者のための経営分析講座	経営	30	26	86.7%	¥10,000	¥260,000
12	2024/8/7	転職必勝ガイド！面接試験突破講座	就職	20	24	120.0%	¥8,000	¥192,000
18	2024/8/27	Excelではじめるマーケティング講座	経営	30	24	80.0%	¥8,000	¥192,000
23	2024/9/14	個人投資家のための不動産投資講座	投資	50	31	62.0%	¥6,000	¥186,000
19	2024/8/29	個人投資家のための為替投資講座	投資	50	44	88.0%	¥4,000	¥176,000
10	2024/8/3	就活生のための一般教養攻略講座	就職	40	23	57.5%	¥6,000	¥138,000
3	2024/7/6	人材戦略講座	経営	30	31	103.3%	¥4,000	¥124,000
9	2024/7/29	これからはじめる資産運用講座	投資	50	29	58.0%	¥4,000	¥116,000
16	2024/8/21	個人投資家のための為替投資講座	投資	50	32	64.0%	¥3,000	¥96,000
24	2024/9/16	これからはじめる資産運用講座	投資	50	43	86.0%	¥2,000	¥86,000
8	2024/7/28	就活生のための一般教養攻略講座	就職	40	28	70.0%	¥3,000	¥84,000
26	2024/9/30	人材戦略講座	経営	30	35	116.7%	¥2,000	¥70,000
7	2024/7/25	Excelではじめるマーケティング講座	経営	30	34	113.3%	¥2,000	¥68,000
5	2024/7/12	これからはじめる資産運用講座	投資	50	31	62.0%	¥2,000	¥62,000
15	2024/8/18	自己分析・自己表現講座	就職	40	30	75.0%	¥2,000	¥60,000
11	2024/8/4	個人投資家のための不動産投資講座	投資	50	28	56.0%	¥2,000	¥56,000

← テキストファイルをテーブルとしてインポート
テーブルの並べ替え

第2四半期

181

STEP 2 データを集計する

1 集計

「**集計**」は、表のデータをグループに分類して、グループごとに集計する機能です。集計を使うと、項目ごとの合計を求めたり、平均を求めたりできます。
集計を実行する手順は、次のとおりです。

1 グループごとに並べ替える

2 グループを基準に集計する

POINT　データベース用の表

データベース機能を利用するには、データベースを「フィールド」と「レコード」から構成される表にする必要があります。
表に隣接するセルは空白にしておきます。

❶列見出し（フィールド名）
データを分類する項目名です。列見出しは必ず設定し、レコード部分と異なる書式にします。

❷フィールド
列単位のデータです。
列見出しに対応した同じ種類のデータを入力します。

❸レコード
行単位のデータです。
1件分のデータを入力します。

2 集計の実行

「区分」ごとに「受講者数」と「金額」を集計しましょう。

1 並べ替え

集計を実行するには、集計するグループごとに表を並べ替えておく必要があります。
表を「区分」ごとに並べ替えましょう。

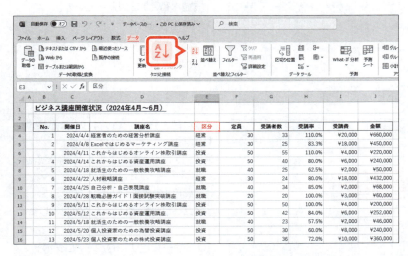

① セル【E3】をクリックします。
※表内のE列のセルであれば、どこでもかまいません。
② 《データ》タブを選択します。
③ 《並べ替えとフィルター》グループの《昇順》をクリックします。

「区分」ごとに並び替わります。

STEP UP ユーザー設定リスト

昇順や降順ではなく、ユーザーが指定した順番に並べ替えるには、「ユーザー設定リスト」を使います。
ユーザーが指定した順番に並べ替える方法は、次のとおりです。

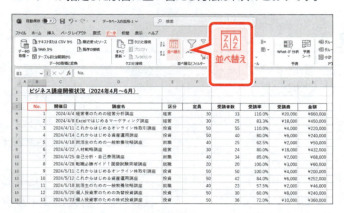

① 表内のセルをクリックします。
※表内のセルであれば、どこでもかまいません。
②《データ》タブを選択します。
③《並べ替えとフィルター》グループの《並べ替え》をクリックします。

《並べ替え》ダイアログボックスが表示されます。
④《列》の《最優先されるキー》と《並べ替えのキー》を設定します。
⑤《順序》の▼をクリックします。
⑥《ユーザー設定リスト》をクリックします。

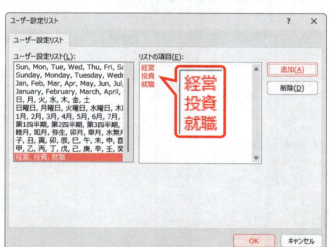

《ユーザー設定リスト》ダイアログボックスが表示されます。
⑦《リストの項目》に項目を順番に入力します。
※項目のうしろで Enter を押して、改行します。
⑧《追加》をクリックします。
※《ユーザー設定リスト》に追加されます。
⑨《OK》をクリックします。

《並べ替え》ダイアログボックスに戻ります。
⑩《順序》に追加したユーザー設定リストが表示されていることを確認します。
⑪《OK》をクリックします。

ユーザーが指定した順番に並び替わります。

2 集計の実行

「区分」ごとに「受講者数」と「金額」のそれぞれの合計を表示する集計行を追加しましょう。

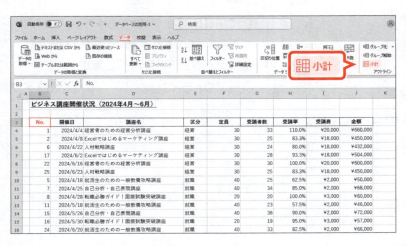

①セル【B3】をクリックします。
※表内のセルであれば、どこでもかまいません。
②《データ》タブを選択します。
③《アウトライン》グループの《小計》をクリックします。

《集計の設定》ダイアログボックスが表示されます。
④《グループの基準》の▼をクリックします。
⑤「区分」をクリックします。
⑥《集計の方法》が《合計》になっていることを確認します。
⑦《集計するフィールド》の「受講者数」と「金額」を☑にします。
⑧《OK》をクリックします。

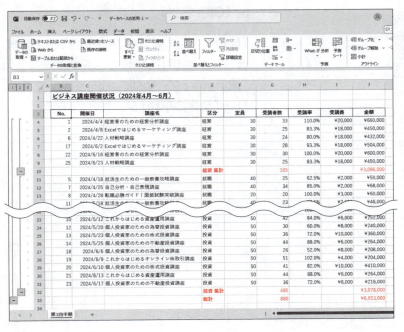

「区分」ごとに集計行が追加され、「受講者数」と「金額」の合計が表示されます。
表の最終行には、全体の合計を表示する集計行「総計」が追加されます。
※集計を実行すると、アウトラインが自動的に作成され、行番号の左側にアウトライン記号が表示されます。

3 集計行の追加

「区分」ごとに「受講者数」と「金額」のそれぞれの平均を表示する集計行を追加しましょう。

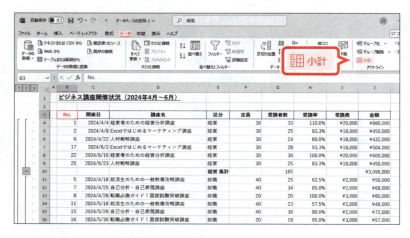

①セル【B3】をクリックします。
※表内のセルであれば、どこでもかまいません。
②《データ》タブを選択します。
③《アウトライン》グループの《小計》をクリックします。

《集計の設定》ダイアログボックスが表示されます。

④《グループの基準》が「区分」になっていることを確認します。
⑤《集計の方法》の▼をクリックします。
⑥《平均》をクリックします。
⑦《集計するフィールド》の「受講者数」と「金額」が☑になっていることを確認します。
※表示されていない場合は、スクロールして調整します。
⑧《現在の小計をすべて置き換える》を☐にします。
※☑にすると、既存の集計行が削除され、新規の集計行に置き換わります。☐にすると、既存の集計行に新規の集計行が追加されます。
⑨《OK》をクリックします。

「区分」ごとに集計行が追加され、「受講者数」と「金額」の平均が表示されます。
「総計」の上に、全体の平均を表示する集計行「全体の平均」が追加されます。

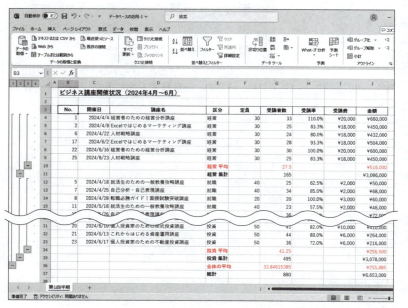

POINT 集計行の削除

集計行を削除する方法は、次のとおりです。

◆表内のセルを選択→《データ》タブ→《アウトライン》グループの《小計》→《すべて削除》

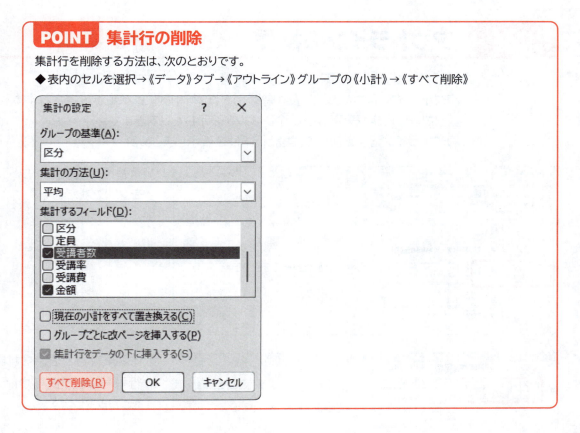

STEP UP 集計行の数式

集計行のセルには、「SUBTOTAL関数」が自動的に設定されます。

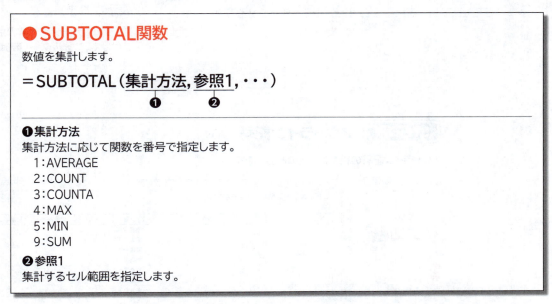

●SUBTOTAL関数

数値を集計します。

＝SUBTOTAL(集計方法,参照1,・・・)
　　　　　　　　❶　　　❷

❶集計方法
集計方法に応じて関数を番号で指定します。
　1：AVERAGE
　2：COUNT
　3：COUNTA
　4：MAX
　5：MIN
　9：SUM

❷参照1
集計するセル範囲を指定します。

187

3 アウトラインの操作

集計を実行すると、表に自動的に「**アウトライン**」が作成されます。
アウトラインが作成された表は階層化され、行や列にレベルが設定されます。必要に応じて、上位レベルだけ表示したり、全レベルを表示したりできます。
アウトライン記号を使って、集計行だけを表示しましょう。

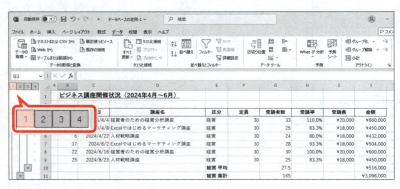

①行番号の左側のアウトライン記号《1》をクリックします。

全体の集計行が表示されます。
②行番号の左側のアウトライン記号《3》をクリックします。

全体の集計行とグループごとの集計行が表示されます。

※ブックに「データベースの活用-1完成」と名前を付けて、フォルダー「第6章」に保存し、閉じておきましょう。

STEP UP アウトライン記号

アウトライン記号の役割は、次のとおりです。

❶指定したレベルのデータを表示します。
❷グループの詳細データを非表示にします。
❸グループの詳細データを表示します。
❹グループの詳細データを非表示にします。

STEP UP 可視セル

下位レベルを折りたたんだ表や、行や列を一部非表示にした表をコピーしようとすると、配下にあるデータもあわせてコピーされます。
シート上に実際に見えているセル（可視セル）だけをコピーする方法は、次のとおりです。

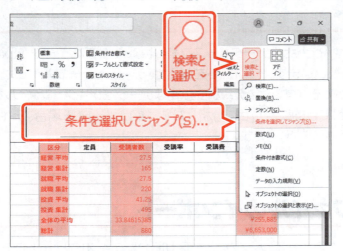

①コピー元のセル範囲を選択します。
②《ホーム》タブを選択します。
③《編集》グループの《検索と選択》をクリックします。
④《条件を選択してジャンプ》をクリックします。

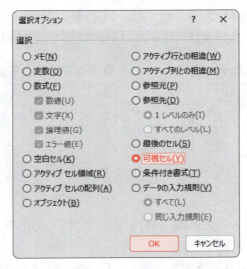

《選択オプション》ダイアログボックスが表示されます。
⑤《可視セル》を◉にします。
⑥《OK》をクリックします。

⑦《クリップボード》グループの《コピー》をクリックします。
⑧コピー先の開始位置のセルを選択します。
⑨《クリップボード》グループの《貼り付け》をクリックします。
シート上に実際に見えているセルだけがコピーされます。
※数値の桁数がすべてセル内に表示できない場合は、「######」と表示されます。列の幅を広げると、桁数がすべて表示されます。

STEP 3 データをインポートする

1 インポート

テキストファイルやAccessのデータベースファイルなど、外部のデータをExcelに取り込むことを「**インポート**」といいます。インポートを使うと、データをテーブルやピボットテーブルとして取り込むことができます。システムから必要なデータをテキストファイルなどで取得して、使い慣れたExcelで目的に合わせて分析したり、加工したりする場合、テキストファイルをそのまま利用できるので効率的です。

2 テキストファイルのインポート

Excelでは、タブやスペース、カンマなどで区切られたテキストファイルのデータをインポートできます。データは、タブやスペース、カンマなどの位置に応じてセルに取り込まれます。
テキストファイルの拡張子には、タブ区切りの「**.txt**」やカンマ区切りの「**.csv**」などがあります。

●タブによって区切られたデータ　　　　●カンマによって区切られたデータ

OPEN
📄 データベース
の活用-2

シート「**第2四半期**」に、フォルダー「**第6章**」にあるタブ区切りのテキストファイル「**第2四半期.txt**」のデータをインポートしましょう。
シート「**第2四半期**」のセル【**B3**】を開始位置として、テーブルとしてインポートします。テキストファイルの先頭行がテーブルの見出しになるようにします。

●第2四半期.txt

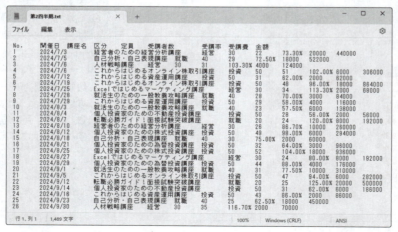

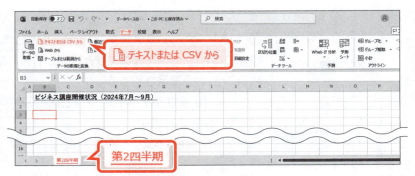

①シート「**第2四半期**」のセル【B3】をクリックします。
②《**データ**》タブ→《**データの取得と変換**》グループの《**テキストまたはCSVから**》をクリックします。

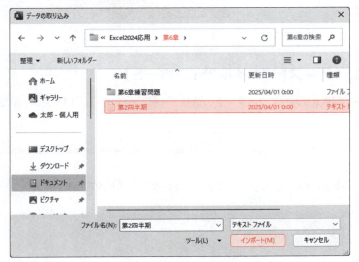

《**データの取り込み**》ダイアログボックスが表示されます。
③フォルダー「**第6章**」を開きます。
※《**ドキュメント**》→「Excel2024応用」→「第6章」を選択します。
④一覧から「**第2四半期**」を選択します。
⑤《**インポート**》をクリックします。

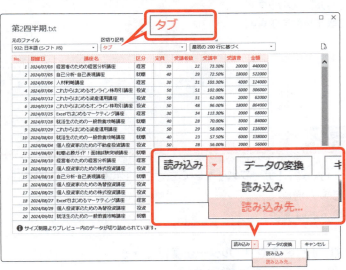

テキストファイル「**第2四半期.txt**」の内容が表示されます。
⑥《**区切り記号**》が《**タブ**》になっていることを確認します。
⑦データの先頭行が見出しになっていることを確認します。
⑧《**読み込み**》の▼をクリックします。
⑨《**読み込み先**》をクリックします。

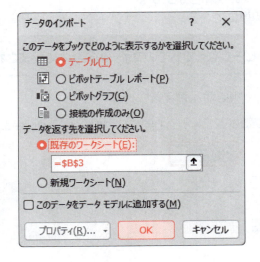

《**データのインポート**》ダイアログボックスが表示されます。
⑩《**テーブル**》が◉になっていることを確認します。
⑪《**既存のワークシート**》を◉にします。
⑫「**=$B$3**」と表示されていることを確認します。
⑬《**OK**》をクリックします。

191

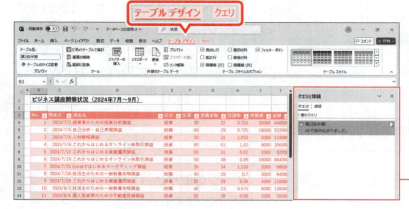

テキストファイルのデータがテーブルとしてインポートされ、《クエリと接続》作業ウィンドウが表示されます。
リボンに《テーブルデザイン》タブと《クエリ》タブが表示されます。
※《クエリと接続》作業ウィンドウを閉じておきましょう。

―《クエリと接続》作業ウィンドウ

STEP UP その他の方法（テキストファイルのインポート）

◆《データ》タブ→《データの取得と変換》グループの《データの取得》→《ファイルから》→《テキストまたはCSVから》

Let's Try ためしてみよう

「受講率」に小数第1位までのパーセントスタイル、「受講費」と「金額」に通貨表示形式を設定しましょう。

Let's Try Answer

① セル範囲【H4：H29】を選択
②《ホーム》タブを選択
③《数値》グループの《パーセントスタイル》をクリック
④《数値》グループの《小数点以下の表示桁数を増やす》をクリック
⑤ セル範囲【I4：J29】を選択
⑥《数値》グループの《通貨表示形式》をクリック
※セル範囲の選択を解除しておきましょう。

3 テーブルの並べ替え

テキストファイルのインポートを行うと、「テーブル」として表示されます。テーブルとは、リストのデータを簡単に操作するための機能です。
テーブルには、次のような特長があります。

- フィルターモードが設定され、並べ替えやフィルターを実行できる
- テーブルスタイルが適用され、データの視認性が上がる
- 行や列を追加して、サイズ変更が簡単にできる
- 集計行を表示できる
- フィールドに数式を入力すると、コピーしなくてもそのフィールド全体に反映される

インポートしたテーブルを「金額」の高い順に並べ替えましょう。

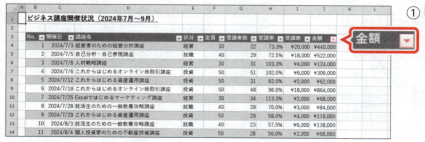

①「金額」の▼をクリックします。

②《降順》をクリックします。

テーブルが「**金額**」の高い順に並び替わります。

※「金額」の▼に↓が表示されます。

※ブックに「データベースの活用-2完成」と名前を付けて、フォルダー「第6章」に保存し、閉じておきましょう。

STEP UP　接続の更新と削除

インポートしたデータは、インポート元のデータと接続された状態で表示されます。
《データ》タブ→《クエリと接続》グループの《すべて更新》をクリックすると、最新の状態にデータが更新されます。

また、接続が不要になった場合は、《クエリと接続》作業ウィンドウ内の読み込んだデータ名をポイントし、右下の《削除》をクリックして接続を削除できます。
※《クエリと接続》作業ウィンドウが表示されていない場合は、《データ》タブ→《クエリと接続》グループの《クエリと接続》をクリックします。

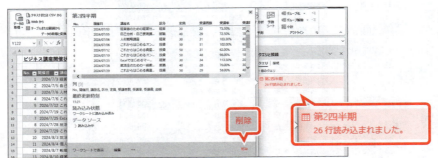

STEP UP　XMLファイルやPDFファイルのインポート

Excelに、XMLファイル、PDFファイルなどのデータをインポートできます。「XMLファイル」は、XMLのルールに従って記述されたテキストファイルで、拡張子は「.xml」です。「PDFファイル」は、パソコンの機種や環境にかかわらず、もとのアプリで作成したとおりに正確に表示できるファイル形式で、拡張子は「.pdf」です。
XMLファイルやPDFファイルをインポートする方法は、次のとおりです。

◆《データ》タブ→《データの取得と変換》グループの《データの取得》→《ファイルから》→《XMLから》／《PDFから》

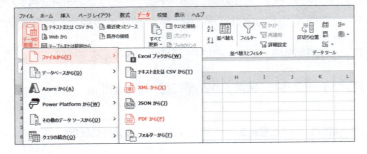

練習問題

あなたは、営業部の商談について、商談規模や確度のデータを確認しています。
次のようにデータベースを操作しましょう。

●完成図

① シート「1月」の表の「確度」ごとに「商談規模」を集計しましょう。

② 集計行だけを表示しましょう。

③ フォルダー「第6章」のフォルダー「第6章練習問題」にあるCSVファイル「商談データ2月.csv」のデータをテーブルとしてインポートしましょう。シート「2月」のセル【B6】を開始位置とします。また、CSVファイルの先頭行がテーブルの見出しになるようにします。

④ シート「2月」の「商談規模」のデータに桁区切りスタイルを設定しましょう。

⑤ シート「2月」のテーブルを「確度」の昇順に並べ替えましょう。

※ブックに「第6章練習問題完成」と名前を付けて、フォルダー「第6章」に保存し、閉じておきましょう。

第 7 章

マクロの作成

この章で学ぶこと	196
STEP 1 作成するマクロを確認する	197
STEP 2 マクロの概要	198
STEP 3 マクロを作成する	199
STEP 4 マクロを実行する	206
STEP 5 マクロ有効ブックとして保存する	209
練習問題	212

この章で学ぶこと

学習前に習得すべきポイントを理解しておき、
学習後には確実に習得できたかどうかを振り返りましょう。

第7章　マクロの作成

- ■ マクロの作成手順を理解し、説明できる。　　➡ P.198
- ■ マクロを作成するための準備ができる。　　➡ P.199
- ■ マクロを作成できる。　　➡ P.200
- ■ マクロを実行できる。　　➡ P.206
- ■ マクロを実行するためのボタンを作成し、マクロを実行できる。　　➡ P.207
- ■ Excelマクロ有効ブックの形式でブックを保存できる。　　➡ P.209
- ■ マクロを含むブックを開いてマクロを有効にできる。　　➡ P.210

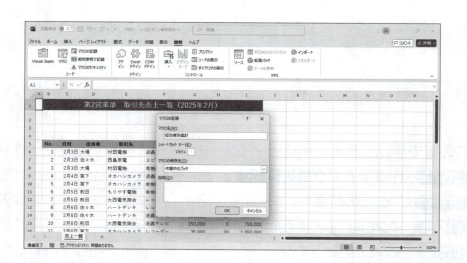

STEP 1 作成するマクロを確認する

1 作成するマクロの確認

次のようなマクロを作成しましょう。

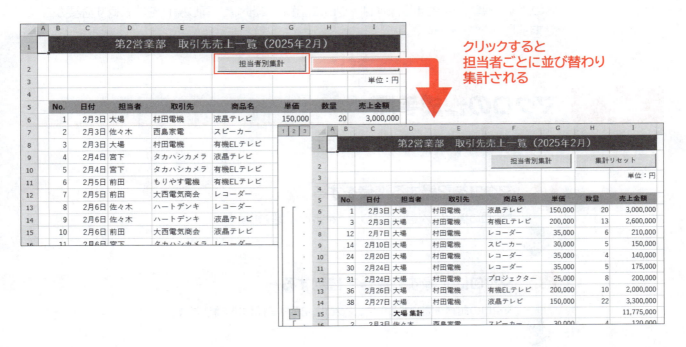

クリックすると
担当者ごとに並び替わり
集計される

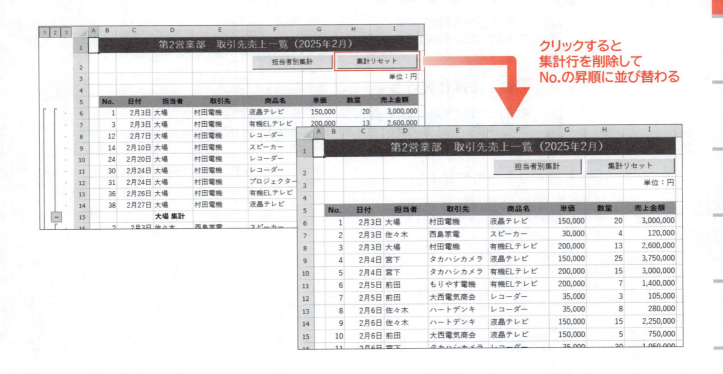

クリックすると
集計行を削除して
No.の昇順に並び替わる

STEP 2 マクロの概要

1 マクロ

「マクロ」とは、一連の操作を記録しておき、記録した操作をまとめて実行できるようにしたものです。頻繁に発生する操作はマクロに記録しておくと、同じ操作を繰り返す必要がなく、効率的に作業できます。

2 マクロの作成手順

マクロを作成する手順は、次のとおりです。

1 マクロを記録する準備をする

マクロの操作に必要な《開発》タブをリボンに表示します。

2 マクロに記録する操作を確認する

マクロの記録を開始する前に、マクロに記録する操作を確認します。

3 マクロの記録を開始する

マクロの記録を開始します。
マクロの記録を開始すると、それ以降の操作はすべて記録されます。

4 記録する操作を行う

マクロに記録する操作を行います。
コマンドの実行やセルの選択、キーボードからの入力などが記録の対象になります。

5 マクロの記録を終了する

マクロの記録を終了します。

STEP 3 マクロを作成する

1 記録の準備

OPEN
📄 マクロの作成

マクロに関する操作を効率よく行うためには、リボンに《開発》タブを表示します。
《開発》タブには、マクロの記録や実行、編集などに便利なボタンが用意されています。
リボンに《開発》タブを表示しましょう。

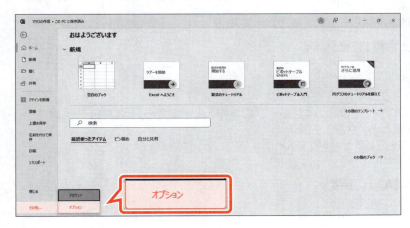

①《ファイル》タブを選択します。
②《その他》をクリックします。
※お使いの環境によっては、《その他》が表示されていない場合があります。その場合は、③に進みます。
③《オプション》をクリックします。

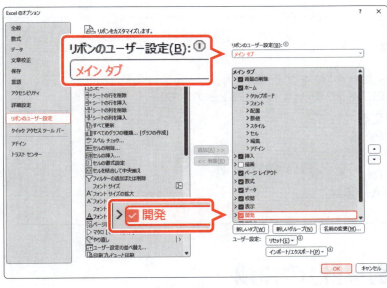

《Excelのオプション》ダイアログボックスが表示されます。
④左側の一覧から《リボンのユーザー設定》を選択します。
⑤《リボンのユーザー設定》が《メインタブ》になっていることを確認します。
⑥《開発》を☑にします。
⑦《OK》をクリックします。

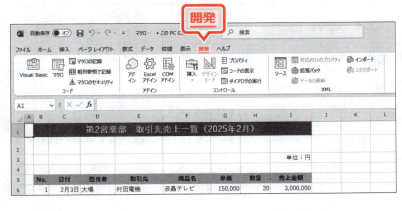

《開発》タブが表示されます。
⑧《開発》タブを選択します。
⑨マクロに関するボタンが表示されていることを確認します。

2 記録するマクロの確認

売上一覧を担当者別に集計して結果を表示する操作を自動化するマクロと、リセットして元に戻すマクロを作成しましょう。
マクロの記録を開始すると、記録を終了するまでに行ったすべての操作が記録されます。誤った操作も記録されてしまうため、マクロの記録を行う前に操作手順を確認しましょう。

●マクロ名：担当者別集計

1. 「担当者」を昇順で並べ替える
   ①表内のD列のセルをクリック
   ②《データ》タブを選択
   ③《並べ替えとフィルター》グループの《昇順》をクリック

2. 「担当者」ごとに「売上金額」を集計する
   ①表内のセルをクリック
   ②《データ》タブを選択
   ③《アウトライン》グループの《小計》をクリック
   ④《集計の設定》ダイアログボックスの《グループの基準》の一覧から「担当者」を選択
   ⑤《集計の方法》の一覧から《合計》を選択
   ⑥《集計するフィールド》の「売上金額」を ☑ にする
   ⑦《OK》をクリック

3. アクティブセルをセル【A1】に戻す
   ①セル【A1】をクリック

●マクロ名：集計リセット

1. 集計行を削除する
   ①表内のセルをクリック
   ②《データ》タブを選択
   ③《アウトライン》グループの《小計》をクリック
   ④《集計の設定》ダイアログボックスの《すべて削除》をクリック

2. 「No.」を昇順で並べ替える
   ①表内のB列のセルをクリック
   ②《データ》タブを選択
   ③《並べ替えとフィルター》グループの《昇順》をクリック

3. アクティブセルをセル【A1】に戻す
   ①セル【A1】をクリック

3 マクロ「担当者別集計」の作成

マクロ「担当者別集計」を作成しましょう。

1 マクロの記録開始

マクロ「担当者別集計」の記録を開始しましょう。

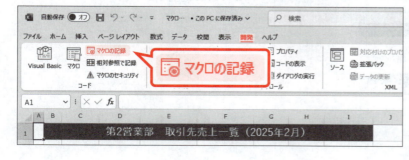

①《開発》タブを選択します。
②《コード》グループの《マクロの記録》をクリックします。

《マクロの記録》ダイアログボックスが表示されます。

③《マクロ名》に「担当者別集計」と入力します。
④《マクロの保存先》が《作業中のブック》になっていることを確認します。
⑤《OK》をクリックします。

マクロの記録が開始されます。
※《マクロの記録》が《記録終了》に切り替わります。
※これから先の操作はすべて記録されます。不要な操作をしないようにしましょう。

STEP UP その他の方法（マクロの記録開始）

◆《表示》タブ→《マクロ》グループの《マクロの表示》の▼→《マクロの記録》
◆ステータスバーの

※一度、マクロの記録を実行すると、ステータスバーに表示されます。
※マクロの記録を実行すると に切り替わります。

POINT マクロ名

マクロ名の先頭は文字列にします。2文字目以降は、文字列、数値、「_（アンダースコア）」が使用できます。スペースは使用できません。

POINT ショートカットキー

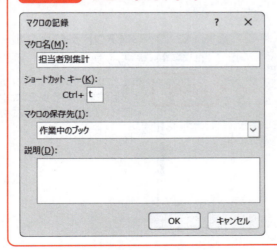

《マクロの記録》ダイアログボックスの《ショートカットキー》を設定すると、作成したマクロをショートカットキーで実行できます。
英小文字を設定した場合は、Ctrl を押しながらキーを押してマクロを実行します。
英大文字を設定した場合は、Ctrl + Shift を押しながらキーを押してマクロを実行します。
Ctrl + C や Ctrl + V など、Excelで設定されているショートカットキーと重複する場合は、マクロで設定したショートカットキーが優先されます。

STEP UP マクロの保存先

マクロの保存先には、次の3つがあります。

●**作業中のブック**
現在作業しているブックだけでマクロを使う場合に選択します。

●**個人用マクロブック**
すべてのブックでマクロを使う場合に選択します。

●**新しいブック**
新しいブックでマクロを使う場合に選択します。

2 マクロの記録

実際に操作してマクロを記録しましょう。

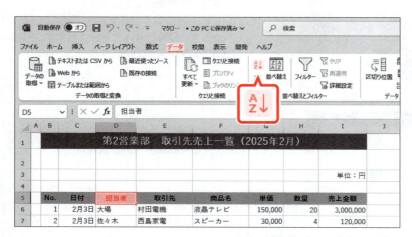

「担当者」を昇順で並べ替えます。
①セル【D5】をクリックします。
※表内のD列であれば、どこでもかまいません。
②《データ》タブを選択します。
③《並べ替えとフィルター》グループの《昇順》をクリックします。

「担当者」の昇順で並び替わります。
「担当者」ごとに「売上金額」を集計します。
④セル【B5】をクリックします。
※表内のセルであれば、どこでもかまいません。

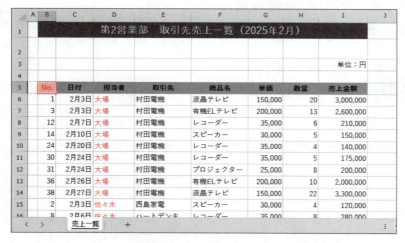

⑤《アウトライン》グループの《小計》をクリックします。
※《アウトライン》グループが (アウトライン)で表示されている場合は、クリックすると《アウトライン》グループのボタンが表示されます。

《集計の設定》ダイアログボックスが表示されます。

⑥《グループの基準》の▼をクリックします。
⑦「担当者」をクリックします。
⑧《集計の方法》が《合計》になっていることを確認します。
⑨《集計するフィールド》の「売上金額」を☑にします。
⑩《OK》をクリックします。

「担当者」ごとに「売上金額」が集計されます。
アクティブセルをセル【A1】に戻します。
⑪セル【A1】をクリックします。

3 マクロの記録終了

マクロの記録を終了しましょう。

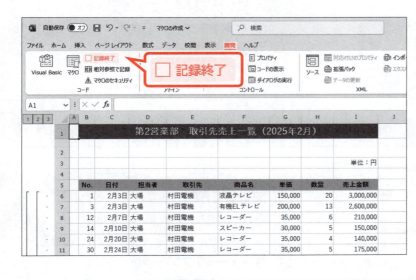

①《開発》タブを選択します。
②《コード》グループの《記録終了》をクリックします。

マクロの記録が終了します。

STEP UP その他の方法（マクロの記録終了）

◆《表示》タブ→《マクロ》グループの《マクロの表示》の▼→《記録終了》
◆ステータスバーの □

※マクロの記録を終了すると 📷 に切り替わります。

STEP UP VBA

記録したマクロは、自動的に「VBA（Visual Basic for Applications）」というプログラミング言語で記述されます。

203

4 マクロ「集計リセット」の作成

マクロ「**集計リセット**」を作成しましょう。

1 マクロの記録開始

マクロ「**集計リセット**」の記録を開始しましょう。

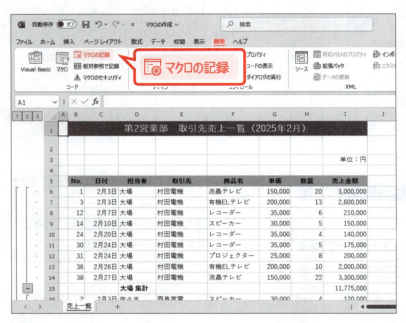

①《**開発**》タブを選択します。
②《**コード**》グループの《**マクロの記録**》をクリックします。

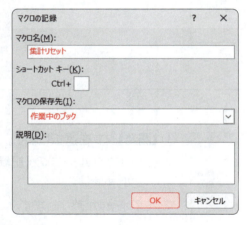

《**マクロの記録**》ダイアログボックスが表示されます。
③《**マクロ名**》に「**集計リセット**」と入力します。
④《**マクロの保存先**》が《**作業中のブック**》になっていることを確認します。
⑤《**OK**》をクリックします。
マクロの記録が開始されます。

2 マクロの記録

実際に操作してマクロを記録しましょう。

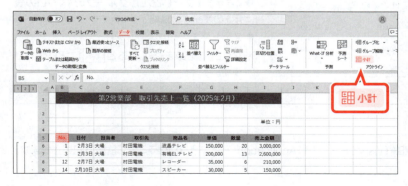

集計行を削除します。
①セル【**B5**】をクリックします。
※表内のセルであれば、どこでもかまいません。
②《**データ**》タブを選択します。
③《**アウトライン**》グループの《**小計**》をクリックします。

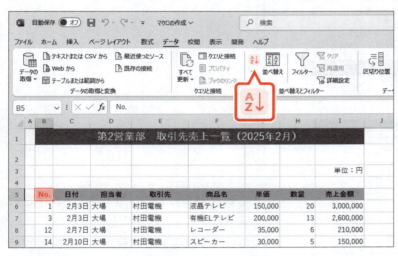

《集計の設定》ダイアログボックスが表示されます。

④《すべて削除》をクリックします。

集計行が削除されます。
「No.」を昇順で並べ替えます。

⑤セル【B5】をクリックします。

※マクロに「セル【B5】に移動する」という操作を記録させるため、セルが選択されている場合でも、セル【B5】をクリックします。

⑥《並べ替えとフィルター》グループの《昇順》をクリックします。

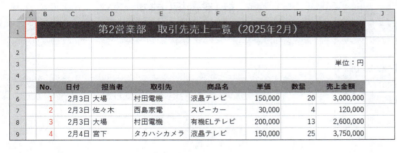

「No.」の昇順に並び替わります。
アクティブセルをセル【A1】に戻します。

⑦セル【A1】をクリックします。

3 マクロの記録終了

マクロの記録を終了しましょう。

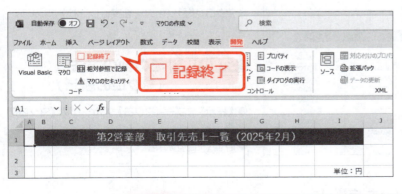

①《開発》タブを選択します。

②《コード》グループの《記録終了》をクリックします。

マクロの記録が終了します。

> **POINT　マクロの削除**
>
> 作成したマクロを削除する方法は、次のとおりです。
>
> ◆《開発》タブ→《コード》グループの《マクロの表示》→マクロ名を選択→《削除》

STEP 4 マクロを実行する

1 マクロの実行

作成したマクロ「**担当者別集計**」を実行しましょう。

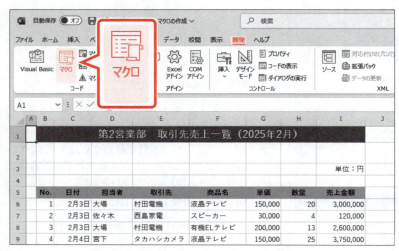

① 《**開発**》タブを選択します。
② 《**コード**》グループの《**マクロの表示**》をクリックします。

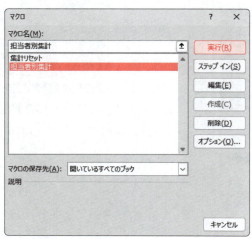

《マクロ》ダイアログボックスが表示されます。
③ 《**マクロ名**》の一覧から「**担当者別集計**」を選択します。
④ 《**実行**》をクリックします。

マクロが実行され、「**担当者**」ごとに「**売上金額**」が集計されます。
※マクロ「集計リセット」を実行しておきましょう。

> **STEP UP** その他の方法（マクロの表示）
>
> ◆《表示》タブ→《マクロ》グループの《マクロの表示》
> ◆ Alt + F8

> **STEP UP** VBAを使った自動化
>
> 《マクロの記録》では、セル参照が絶対参照になるため、レコードの件数が増えた場合などに表の範囲を正しく読み取れないことがあります。VBAを使うと、柔軟な範囲指定や繰り返し処理、条件によって分岐する処理など、《マクロの記録》だけでは実現が難しい手順も自動化できるようになります。

2 ボタンを作成して実行

シート上に「**ボタン**」を作成してマクロを登録すると、ボタンをクリックするだけで簡単にマクロを実行できます。

1 ボタンの作成

ボタンを作成し、マクロ「**担当者別集計**」を登録しましょう。

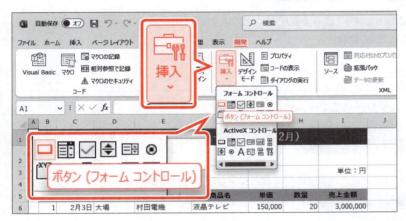

① 《**開発**》タブを選択します。
② 《**コントロール**》グループの《**コントロールの挿入**》をクリックします。
③ 《**フォームコントロール**》の《**ボタン（フォームコントロール）**》をクリックします。

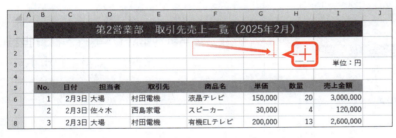

マウスポインターの形が ╋ に変わります。
④ 図のようにドラッグします。

《**マクロの登録**》ダイアログボックスが表示されます。
ボタンに登録するマクロを選択します。
⑤ 《**マクロ名**》の一覧から「**担当者別集計**」を選択します。
⑥ 《**OK**》をクリックします。

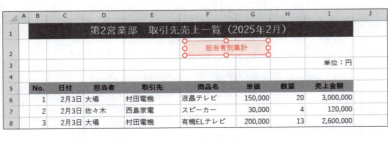

「**ボタン1**」が作成されます。
ボタン名を入力します。
⑦ ボタンが選択されていることを確認します。
⑧ 「**担当者別集計**」と入力します。
※確定後に[Enter]を押すと、改行されるので注意しましょう。

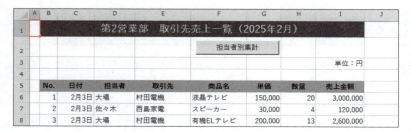

⑨ボタン以外の場所をクリックします。
ボタンの選択が解除されます。

> **POINT　ボタンの選択**
> 作成したボタンのサイズやボタン名を変更するには、ボタンを選択します。ボタンを選択するには、Ctrl を押しながらクリックします。

STEP UP　図形や画像へのマクロの登録

図形や画像などにもマクロを登録できます。登録する方法は、次のとおりです。
◆図形や画像を右クリック→《マクロの登録》

2 ボタンから実行

マクロ「担当者別集計」をボタンから実行しましょう。

①ボタンをポイントします。
マウスポインターの形が🖑に変わります。
②クリックします。

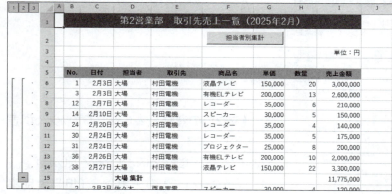

マクロ「担当者別集計」が実行され、「担当者」ごとに「売上金額」が集計されます。

 ためしてみよう

① 担当者別集計のボタンの右側にボタンを作成し、マクロ「集計リセット」を登録しましょう。
　　ボタン名は「集計リセット」にします。
② マクロ「集計リセット」をボタンから実行しましょう。

①
①《開発》タブを選択
②《コントロール》グループの《コントロールの挿入》をクリック
③《フォームコントロール》の《ボタン（フォームコントロール）》（左から1番目、上から1番目）をクリック
④ 始点から終点までドラッグし、ボタンを作成
⑤《マクロ名》の一覧から「集計リセット」を選択

⑥《OK》をクリック
⑦ ボタンが選択されていることを確認
⑧「集計リセット」と入力
⑨ ボタン以外の場所をクリック

① ボタン「集計リセット」をクリック

STEP 5 マクロ有効ブックとして保存する

1 マクロ有効ブックとして保存

記録したマクロは、通常の「Excelブック」の形式では保存できません。マクロを利用するためには、「Excelマクロ有効ブック」の形式で保存する必要があります。
ブックに「**マクロの作成完成**」と名前を付けて、Excelマクロ有効ブックとしてフォルダー「**第7章**」に保存しましょう。

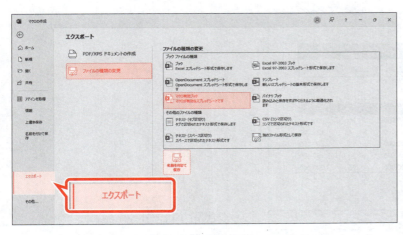

①《**ファイル**》タブを選択します。
②《**エクスポート**》をクリックします。
※お使いの環境によっては、《エクスポート》が表示されていない場合があります。その場合は、《その他》→《エクスポート》をクリックします。
③《**ファイルの種類の変更**》をクリックします。
④《**ブックファイルの種類**》の《**マクロ有効ブック**》をクリックします。
⑤《**名前を付けて保存**》をクリックします。

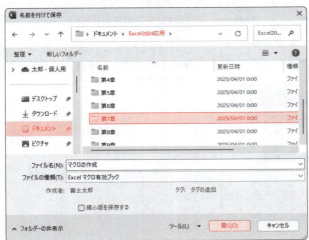

《**名前を付けて保存**》ダイアログボックスが表示されます。
ブックを保存する場所を選択します。
⑥左側の一覧から《**ドキュメント**》を選択します。
⑦一覧から「**Excel2024応用**」を選択します。
⑧《**開く**》をクリックします。
⑨一覧から「**第7章**」を選択します。
⑩《**開く**》をクリックします。

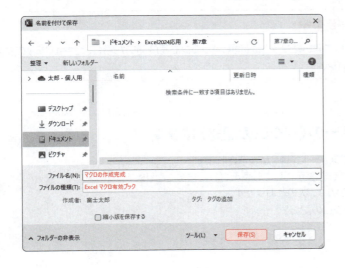

⑪《**ファイル名**》に「**マクロの作成完成**」と入力します。
⑫《**ファイルの種類**》が《**Excelマクロ有効ブック**》になっていることを確認します。
⑬《**保存**》をクリックします。
ブックが保存されます。
※ブックを閉じておきましょう。

2 マクロを含むブックを開く

マクロを含むブックを開くと、マクロは無効になっています。セキュリティの警告に関するメッセージが表示されるので、ブックの発行元が信頼できることを確認してマクロを有効にします。
ブック「**マクロの作成完成**」を開いて、マクロを有効にしましょう。

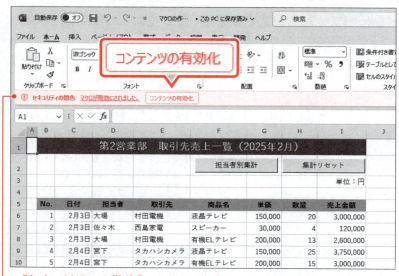

《セキュリティの警告》メッセージバー

①ブック「**マクロの作成完成**」を開きます。
②メッセージバーにセキュリティの警告が表示されていることを確認します。
③《コンテンツの有効化》をクリックします。

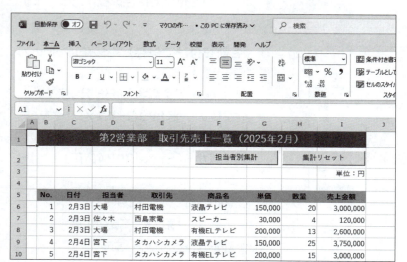

ブックが開かれます。
※ブックを閉じておきましょう。
※《開発》タブを非表示にしておきましょう。
　《ファイル》タブ→《オプション》→《リボンのユーザー設定》→《リボンのユーザー設定》の▼→《メインタブ》→《☐開発》→《OK》をクリックします。

POINT　コンテンツの有効化

《コンテンツの有効化》をクリックして開いたブックは、同じパソコンで再度開いた場合、セキュリティの警告に関するメッセージは表示されません。

STEP UP　ステータスバーの《マクロの記録》ボタン

マクロの記録を実行すると、ステータスバーに 🔲 が表示されます。
一度表示された 🔲 は、《開発》タブを非表示にしても表示されたままになります。
🔲 の表示・非表示を切り替える方法は、次のとおりです。
◆ステータスバーを右クリック→《マクロの記録》

STEP UP マクロの設定

初期の設定では、マクロを含むブックを開こうとすると、セキュリティの警告を表示してマクロを無効にします。マクロの有効・無効を設定する方法は、次のとおりです。

◆《ファイル》タブ→《オプション》→《トラストセンター》→《トラストセンターの設定》→《マクロの設定》→《マクロの設定》

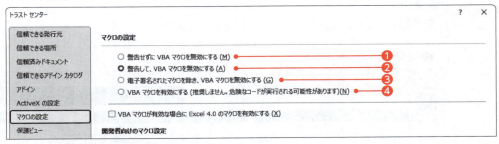

❶ 警告せずにVBAマクロを無効にする
ブックを開いたときに、すべてのマクロが自動的に無効になります。

❷ 警告して、VBAマクロを無効にする
ブックを開いたときに、セキュリティの警告が表示され、マクロを有効にするか無効にするかを選択できます。

❸ 電子署名されたマクロを除き、VBAマクロを無効にする
ブックを開いたときに、信頼できる発行元によって署名されているマクロ以外は、無効になります。

❹ VBAマクロを有効にする(推奨しません。危険なコードが実行される可能性があります)
ブックを開いたときに、すべてのマクロが制限なしで実行されます。

STEP UP セキュリティの許可

インターネットからダウンロードしたマクロを含むファイルを開く際、《セキュリティリスク》メッセージバーが表示され、マクロの実行がブロックされる場合があります。

> ⊗ セキュリティ リスク このファイルのソースが信頼できないため、Microsoft によりマクロの実行がブロックされました。 詳細を表示

ファイルが安全である場合、次のどちらかの方法でマクロをブロックせずにファイルを開くことができます。

ファイルが保存されているフォルダーを信頼できる場所に設定する

◆《ファイル》タブ→《オプション》→《トラストセンター》→《トラストセンターの設定》→《信頼できる場所》→《新しい場所の追加》→《参照》→フォルダーを選択→《OK》→《☑この場所のサブフォルダーも信頼する》

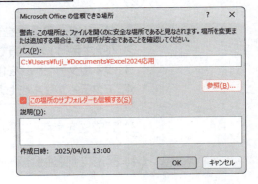

ファイルのセキュリティを許可する

◆ファイルを右クリック→《プロパティ》→《全般》タブ→《セキュリティ》の《☑許可する》

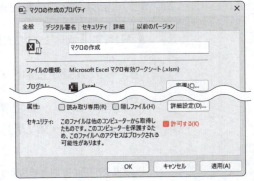

 練習問題

 あなたは、文具店の受注一覧をまとめており、作業を効率化できるようデータの整理をしています。
マクロを作成し、図形にマクロを登録しましょう。

●完成図

	A	B	C	D	E	F	G	H
1		川崎地区　受注一覧（2025年3月）				受注金額トップ5		リセット
2								
3		受注番号	受注日	受注先	商品名	単価	数量	受注金額
4		20253001	3月1日	鶴川書店	油性ボールペン（黒）10本	1,000	2	2,000
5		20253002	3月1日	FUJI BOOKS　武蔵溝ノ口店	シャープペンシル0.5mm	1,100	11	12,100
6		20253003	3月1日	文具のタニモト　川崎店	消しゴム　10個	500	10	5,000
7		20253004	3月5日	しろくま文房具店　川崎駅ビル店	B鉛筆　12本	720	6	4,320
8		20253005	3月5日	文具河西	色鉛筆　12色	800	5	4,000
9		20253006	3月5日	ニシカワ事務用品	油性ボールペン（赤）10本	1,000	3	3,000
10		20253007	3月5日	花田文房具店	3色ボールペン	800	9	7,200
11		20253008	3月8日	FUJI BOOKS　川崎駅前店	2B鉛筆　12本	720	5	3,600
12		20253009	3月8日	清水文具	B鉛筆　12本	720	5	3,600
13		20253010	3月8日	文具のうえだ	色鉛筆　24色	1,700	3	5,100
14		20253011	3月9日	ひらかわ書店	HB鉛筆　12本	720	3	2,160

① 次の動作をするマクロ「**受注金額トップ5**」を作成しましょう。

1. フィルターモードを設定する
2. 「受注金額」の上位5件のレコードを抽出する
3. 抽出結果のレコードを「受注金額」の降順で並べ替える
4. アクティブセルをセル【A1】に戻す

HINT 表にフィルターモードを設定するには、《データ》タブ→《並べ替えとフィルター》グループの《フィルター》を使います。

② 次の動作をするマクロ「**リセット**」を作成しましょう。

1. フィルターの条件をクリアする
2. 「受注番号」を昇順で並べ替える
3. フィルターモードを解除する
4. アクティブセルをセル【A1】に戻す

③ 完成図を参考に、図形「**四角形：角を丸くする**」を2つ作成しましょう。

④ 図形に「**受注金額トップ5**」と「**リセット**」という文字列をそれぞれ追加し、中央揃えにしましょう。

⑤ 図形にマクロ「**受注金額トップ5**」と「**リセット**」をそれぞれ登録しましょう。

HINT 図形にマクロを登録するには、図形を右クリック→《マクロの登録》を使います。

⑥ マクロ「**受注金額トップ5**」と「**リセット**」をそれぞれ実行しましょう。

⑦ 作成したブックに「**第7章練習問題完成**」と名前を付けて、Excelマクロ有効ブックとしてフォルダー「**第7章**」に保存しましょう。

※ブックを閉じておきましょう。

第 8 章

ブックの検査と保護

この章で学ぶこと	214
STEP 1　作成するブックを確認する	215
STEP 2　ブックのプロパティを設定する	216
STEP 3　ブックの問題点をチェックする	217
STEP 4　ブックを最終版にする	224
STEP 5　ブックにパスワードを設定する	225
STEP 6　シートを保護する	227
練習問題	230

この章で学ぶこと

学習前に習得すべきポイントを理解しておき、
学習後には確実に習得できたかどうかを振り返りましょう。

第8章　ブックの検査と保護

- ■ ブックのプロパティを設定できる。　　→ P.216

- ■ ブックに含まれる個人情報や隠しデータを必要に応じて削除できる。　　→ P.217

- ■ アクセシビリティチェックを実行できる。　　→ P.219

- ■ ブックを最終版として保存できる。　　→ P.224

- ■ ブックにパスワードを設定して保存できる。　　→ P.225

- ■ 誤ってデータを削除したり上書きしたりする場合に備えて、シートを保護できる。　　→ P.227

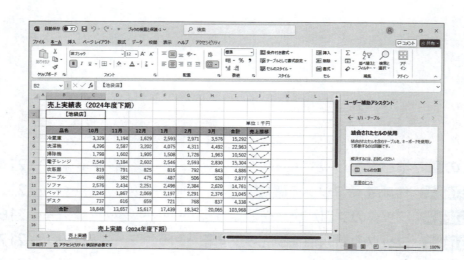

214

STEP 1 作成するブックを確認する

1 作成するブックの確認

次のようにブックの検査や保護を行いましょう。

	品名	10月	11月	12月	1月	2月	3月	合計	売上推移
	冷蔵庫	3,329	1,194	1,629	2,593	2,971	3,576	15,292	
	洗濯機	4,296	2,587	3,202	4,075	4,311	4,492	22,963	
	掃除機	1,798	1,602	1,905	1,508	1,726	1,963	10,502	
	電子レンジ	2,549	2,184	2,602	2,546	2,593	2,830	15,304	
	炊飯器	819	791	825	816	792	843	4,886	
	テーブル	499	382	475	487	506	528	2,877	
	ソファ	2,576	2,434	2,251	2,496	2,384	2,620	14,761	
	ベッド	2,245	1,867	2,069	2,197	2,291	2,376	13,045	
	デスク	737	616	659	721	768	837	4,338	
	合計	18,848	13,657	15,617	17,439	18,342	20,065	103,968	

売上実績表（2024年度下期）
【池袋店】
単位：千円

売上実績（2024年度下期）

ブックのプロパティの設定
ドキュメント検査
アクセシビリティチェック
最終版として保存
ブックにパスワードを設定

交通費申請書

	申請日		【交通機関】	
	所属名		コード	交通機関
	社員番号		10	電車
	氏名		20	バス
			30	タクシー
			40	飛行機
			50	その他

以下のとおり、交通費の申請を行います。

No.	日付	交通機関	出発地	帰着地	金額	理由
1						
2						
3						
4						
5						

シートの保護

215

STEP 2 ブックのプロパティを設定する

1 ブックのプロパティの設定

OPEN ブックの検査と保護-1

「**プロパティ**」は、一般に「**属性**」と呼ばれるもので、性質や特性を表す言葉です。
ブックの「**プロパティ**」には、ブックのファイルサイズ、作成日時、更新日時などがあります。
ブックにプロパティを設定しておくと、Windowsでプロパティの値をもとにブックを検索できます。
ブックのプロパティに、次の情報を設定しましょう。

```
タイトル   ：池袋店売上報告
作成者     ：池袋店）川西
キーワード ：売上実績
```

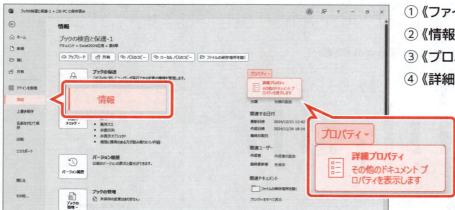

①《**ファイル**》タブを選択します。
②《**情報**》をクリックします。
③《**プロパティ**》をクリックします。
④《**詳細プロパティ**》をクリックします。

《**ブックの検査と保護-1のプロパティ**》ダイアログボックスが表示されます。

⑤《**ファイルの概要**》タブを選択します。
⑥《**タイトル**》に「**池袋店売上報告**」と入力します。
⑦《**作成者**》に「**池袋店）川西**」と入力します。
⑧《**キーワード**》に「**売上実績**」と入力します。
⑨《**OK**》をクリックします。

プロパティが設定されます。

※ Esc を押して、シート「売上実績」を表示しておきましょう。

STEP 3 ブックの問題点をチェックする

1 ドキュメント検査

「**ドキュメント検査**」を使うと、ブックに個人情報や隠しデータがないかどうかをチェックして、必要に応じてそれらを削除できます。作成したブックを社内で共有したり、顧客や取引先など社外の人に配布したりするような場合、事前にドキュメント検査を行って、ブックから個人情報や隠しデータを削除しておくと、情報の漏えいの防止につながります。

1 ドキュメント検査の対象

ドキュメント検査では、次のような内容をチェックできます。

対象	説明
コメント	メモやコメントには、それを入力したユーザー名や内容そのものが含まれています。
ドキュメントのプロパティと個人情報	ブックのプロパティには、作成者の情報などが含まれています。
ヘッダー・フッター	ヘッダーやフッターに作成者の情報が含まれている可能性があります。
非表示の行・列・シート	行・列・シートを非表示にしている場合、非表示の部分に知られたくない情報が含まれている可能性があります。

2 ドキュメント検査の実行

ドキュメント検査を行ってすべての項目を検査し、検査結果から「**ドキュメントのプロパティと個人情報**」以外の情報を削除しましょう。

※セル【J4】にメモが挿入され、I列が非表示になっていることを確認しておきましょう。

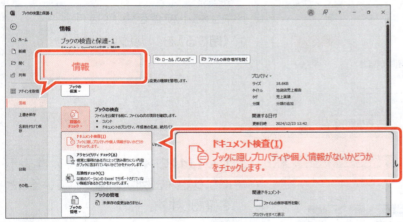

① 《**ファイル**》タブを選択します。
② 《**情報**》をクリックします。
③ 《**問題のチェック**》をクリックします。
④ 《**ドキュメント検査**》をクリックします。

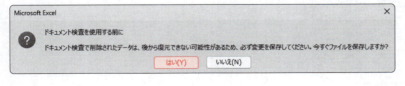

図のようなメッセージが表示されます。
※ブックを変更したあと保存していないため、このメッセージが表示されます。

ブックを上書き保存します。
⑤ 《**はい**》をクリックします。

217

《ドキュメントの検査》ダイアログボックスが表示されます。

⑥《インク》を ☑ にします。
※表示されていない場合は、スクロールして調整します。

⑦すべての検査項目が ☑ になっていることを確認します。

⑧《検査》をクリックします。

検査結果が表示されます。
個人情報や隠しデータが含まれている可能性のある項目には、《すべて削除》が表示されます。

⑨《コメント》の《すべて削除》をクリックします。

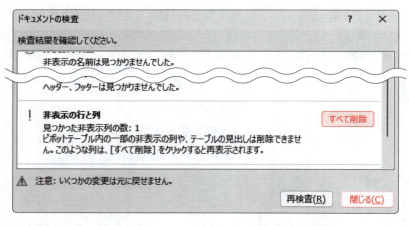

⑩《非表示の行と列》の《すべて削除》をクリックします。
※表示されていない場合は、スクロールして調整します。

ドキュメント検査を終了します。
⑪《閉じる》をクリックします。

⑫セル【J4】のメモが削除され、非表示になっていたI列が削除されていることを確認します。

2 アクセシビリティチェック

「アクセシビリティ」とは、すべての人が不自由なく情報を手に入れられるかどうか、使いこなせるかどうかを表す言葉です。
「アクセシビリティチェック」を使うと、視覚に障がいのある方などが、読み取りにくい情報や判別しにくい情報がブックに含まれていないかをチェックできます。

1 アクセシビリティチェックの対象

アクセシビリティチェックでは、主に次のような内容をチェックします。

分類	内容	説明
色とコントラスト	読み取りにくいテキストのコントラスト	文字の色が背景の色と酷似していないかをチェックします。コントラストを強くすると、文字が読み取りやすくなります。
	赤の書式を使用しない	負の数値を赤にするなど、色だけで区別した表示形式が設定されていないかをチェックします。表示形式に記号なども付けると、情報を理解しやすくなります。
メディアとイラスト	代替テキスト	グラフや図形、画像などのオブジェクトに代替テキストが設定されているかをチェックします。代替テキストを設定しておくと、オブジェクトの内容を理解しやすくなります。
テーブル	テーブルの列見出し	テーブルに列見出しが設定されているかをチェックします。列見出しに適切な項目名を付けておくと、表の内容を理解しやすくなります。
	結合されたセル	表に結合されたセルが含まれていないかをチェックします。表の構造が結合などで複雑になると、意図した順序で読み上げられない場合があります。表の構造が単純であれば、順序よく読み上げられるため、内容を理解しやすくなります。
ドキュメント構造	既定のシート名	ブックに複数のシートがある場合、「Sheet1」のような既定のシート名のままになっていないかをチェックします。適切なシート名を付けると、シートの内容が区別しやすくなります。

2 アクセシビリティチェックの実行

ブックのアクセシビリティチェックを実行しましょう。チェックの結果は、項目ごとに件数が表示されます。結果を確認し、結果に応じてブックを修正しましょう。

①《校閲》タブを選択します。
②《アクセシビリティ》グループの《アクセシビリティチェック》をクリックします。

《ユーザー補助アシスタント》作業ウィンドウに、アクセシビリティチェックの結果が表示されます。
リボンに《アクセシビリティ》タブが表示されます。

※お使いの環境によっては、《ユーザー補助アシスタント》作業ウィンドウが表示されない場合があります。その場合は、P.221の「POINT《アクセシビリティ》作業ウィンドウ」を参照してください。

③《メディアとイラスト》の《代替テキストなし》をクリックします。

※代替テキストが設定されていないオブジェクトが1件あります。

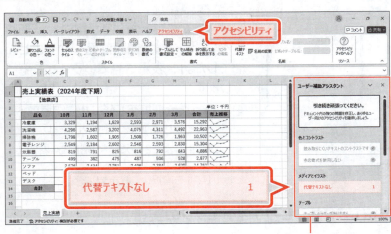

《ユーザー補助アシスタント》作業ウィンドウ

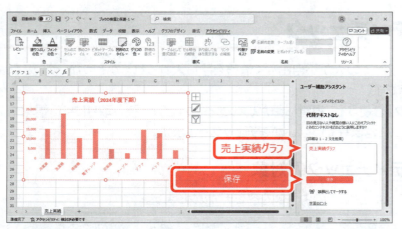

グラフ1が選択されます。
※表示されていない場合は、スクロールして調整します。
グラフに代替テキストを設定します。
④《代替テキストなし》のボックスに「**売上実績グラフ**」と入力します。
⑤《**保存**》をクリックします。
※お使いの環境によっては、《承認》と表示される場合があります。

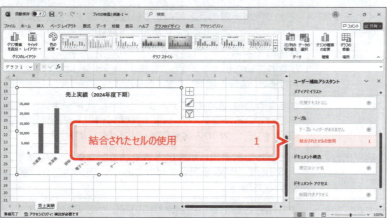

グラフに代替テキストが設定されます。
※《代替テキストなし》にチェックマークが表示されます。
⑥《**テーブル**》の《**結合されたセルの使用**》をクリックします。
※一覧に表示されていない場合は、スクロールして調整します。
※結合されたセルの使用が1件あります。

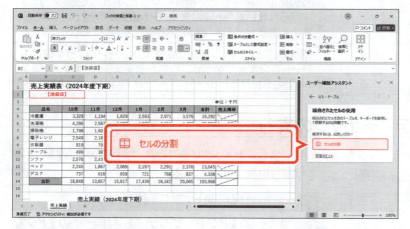

セル範囲【B2:C2】が選択されます。
セルを分割します。
⑦《**セルの分割**》をクリックします。

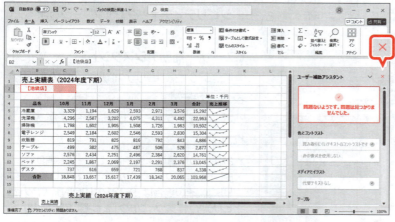

セルが分割されます。
※《結合されたセルの使用》にチェックマークが表示されます。
⑧すべてのチェック内容が解決し、「**問題ないようです。問題は見つかりませんでした。**」と表示されていることを確認します。
⑨《**ユーザー補助アシスタント**》作業ウィンドウの《**閉じる**》をクリックします。
※セル範囲【B2:C2】の文字の配置を、左揃えにしておきましょう。
※セル【A1】を選択しておきましょう。

STEP UP その他の方法（アクセシビリティチェックの実行）

◆《ファイル》タブ→《情報》→《問題のチェック》→《アクセシビリティチェック》

POINT 《アクセシビリティ》作業ウィンドウ

お使いの環境によっては、アクセシビリティチェックを実行すると《アクセシビリティ》作業ウィンドウに結果が表示されます。その場合、次の手順のように結果を確認、修正します。

● Excel 2024のLTSC版でアクセシビリティチェックを実行した場合（2025年1月時点）

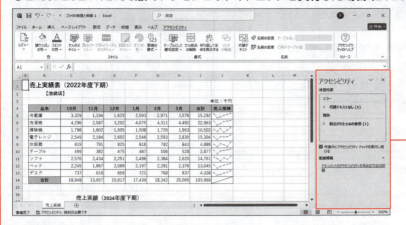

① 《校閲》タブを選択します。
② 《アクセシビリティ》グループの《アクセシビリティチェック》をクリックします。
《アクセシビリティ》作業ウィンドウが表示されます。

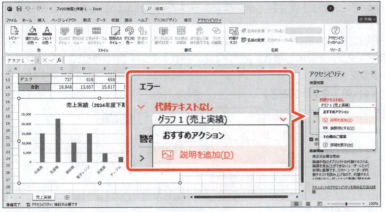

③ 《エラー》の《代替テキストなし》をクリックします。
④ 「グラフ1（売上実績）」の▼をクリックします。
⑤ 《おすすめアクション》の《説明を追加》をクリックします。

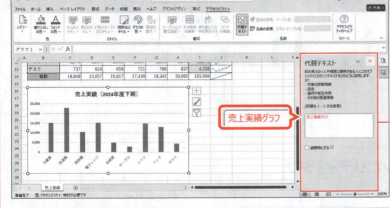

《代替テキスト》作業ウィンドウが表示されます。
⑥ 《代替テキスト》作業ウィンドウのボックスに「売上実績グラフ」と入力します。
⑦ 《代替テキスト》作業ウィンドウの《閉じる》をクリックします。

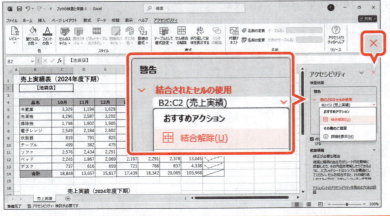

《アクセシビリティ》作業ウィンドウに戻ります。
⑧ 《警告》の《結合されたセル》をクリックします。
⑨ 「B2:C2（売上実績）」の▼をクリックします。
⑩ 《おすすめアクション》の《結合解除》をクリックします。
⑪ 《アクセシビリティ》作業ウィンドウの《閉じる》をクリックします。
※セル範囲【B2:C2】の文字の配置を、左揃えにしておきましょう。
※セル【A1】を選択しておきましょう。

POINT 装飾としてマークする

見栄えを整えるために使用し、音声読み上げソフトで特に読み上げる必要がない線や図形などのオブジェクトは、装飾用として設定します。

※お使いの環境によっては、《装飾としてマークする》が《装飾用にする》と表示される場合があります。

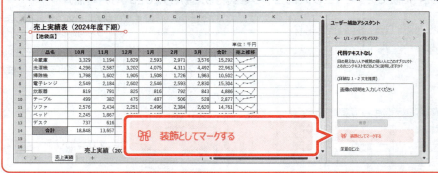

POINT 代替テキストの設定

アクセシビリティチェックを使わずに、グラフや図形、SmartArtグラフィック、画像などのオブジェクトに、代替テキストを設定することができます。
オブジェクトに代替テキストを設定する方法は、次のとおりです。

◆オブジェクトを選択→《書式》タブ／《図形の書式》タブ／《図の形式》タブ→《アクセシビリティ》グループの《代替テキストウィンドウを表示します》

◆オブジェクトを右クリック→《代替テキストを表示》

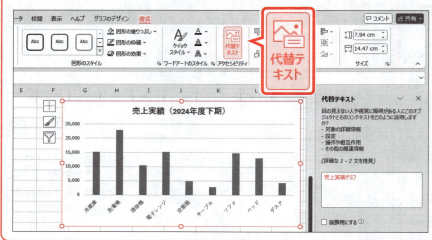

STEP UP 《アクセシビリティ》タブ

アクセシビリティチェックを実行すると、リボンに《アクセシビリティ》タブが表示されます。
色やスタイル、書式などをリボンから設定することができます。

STEP UP ハイコントラストのみ

アクセシビリティチェックで「読み取りにくいテキストのコントラスト」が指摘された場合は、塗りつぶしの色、またはフォントの色を調整するとよいでしょう。
文字が入力できるオブジェクトやセルの塗りつぶしの色を設定するときに《ハイコントラストのみ》をオンにすると、文字の色に対してちょうどよいコントラストの塗りつぶしの色のみが一覧に表示されます。色をポイントするとサンプルが表示されるので、読みやすさを確認しながら色を選択できます。
塗りつぶしの色で《ハイコントラストのみ》をオンにすると、フォントの色の一覧も《ハイコントラストのみ》がオンになり、選択している塗りつぶしの色に適したフォントの色を選択できるようになります。
※お使いの環境によっては、表示されない場合があります。

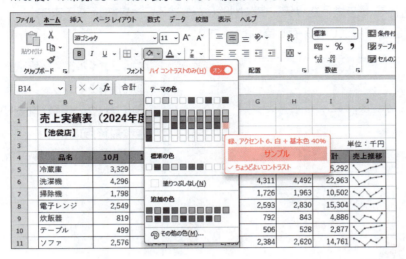

STEP UP 作業中にアクセシビリティチェックを実行する

アクセシビリティチェックを常に実行し、結果を確認しながらブックを作成することができます。結果はステータスバーに表示されます。結果をクリックすると《ユーザー補助アシスタント》作業ウィンドウが表示され、詳細を確認できます。
常にアクセシビリティチェックを実行する方法は、次のとおりです。

◆ステータスバーを右クリック→《☑アクセシビリティチェック》

◆《ユーザー補助アシスタント》作業ウィンドウの《設定》→《アクセシビリティ》→《ドキュメントのアクセシビリティを高めましょう》の《☑作業中にアクセシビリティチェックを実行し続ける》

※お使いの環境によっては、《アクセシビリティ》作業ウィンドウの《作業中にアクセシビリティチェックを実行し続ける》を☑にします。

◆《ファイル》タブ→《オプション》→《アクセシビリティ》→《☑作業中にアクセシビリティチェックを実行し続ける》

※初期の設定では、《作業中にアクセシビリティチェックを実行し続ける》が☑になっています。お使いの環境によっては、一度アクセシビリティチェックを実行すると☑になります。

STEP UP 選択範囲内で中央

セルを結合せずに複数のセル範囲の中央に文字列を配置できます。
選択範囲内で中央に文字列を配置する方法は、次のとおりです。

◆セル範囲を選択→《ホーム》タブ→《配置》グループの(配置の設定)→《配置》タブ→《横位置》の▼→《選択範囲内で中央》

STEP 4 ブックを最終版にする

1 最終版として保存

ブックを最終版にすると、ブックが読み取り専用になり、内容を変更できなくなります。ブックが完成してこれ以上変更を加えない場合は、そのブックを最終版にしておくと、不用意に内容を書き換えたりデータを削除したりすることを防止できます。
ブックを最終版として保存しましょう。

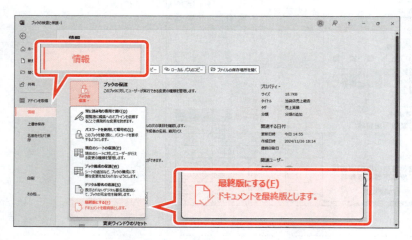

① 《ファイル》タブを選択します。
② 《情報》をクリックします。
③ 《ブックの保護》をクリックします。
④ 《最終版にする》をクリックします。
※表示されていない場合は、スクロールして調整します。

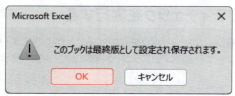

図のようなメッセージが表示されます。
⑤ 《OK》をクリックします。
※最終版に関するメッセージが表示される場合は、《OK》をクリックします。

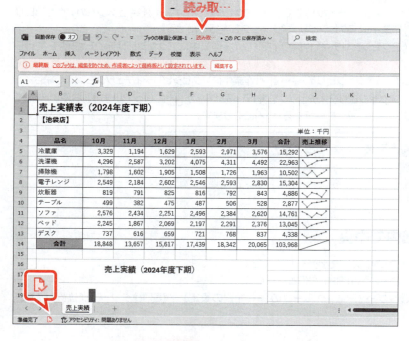

ブックが最終版として上書き保存されます。
⑥ タイトルバーに《読み取り専用》と表示され、最終版を表すメッセージバーが表示されていることを確認します。
※お使いの環境によっては、[読み取り専用]と表示される場合があります。
⑦ ステータスバーに最終版を表すアイコンが表示されていることを確認します。
※ブックを閉じておきましょう。

POINT 最終版のブックの編集

最終版として保存したブックを編集できる状態に戻すには、メッセージバーの《編集する》をクリックします。

STEP 5 ブックにパスワードを設定する

1 パスワードを使用して暗号化

OPEN: ブックの検査と保護-2

「**パスワードを使用して暗号化**」を使うと、セキュリティを高めるためにブックを暗号化し、ブックに「**パスワード**」を設定することができます。パスワードを設定すると、ブックを開くときにパスワードの入力が求められます。パスワードを知らないユーザーはブックを開くことができないため、機密性を保つことができます。

1 パスワードの設定

ブックにパスワード「**uriage2024**」を設定しましょう。

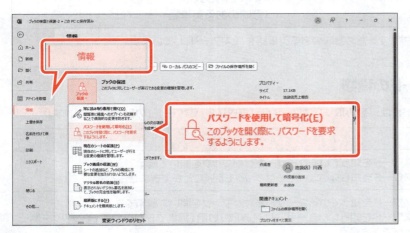

① 《ファイル》タブを選択します。
② 《情報》をクリックします。
③ 《ブックの保護》をクリックします。
④ 《パスワードを使用して暗号化》をクリックします。

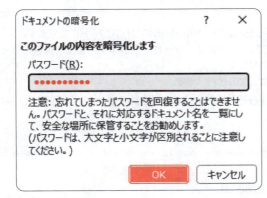

《ドキュメントの暗号化》ダイアログボックスが表示されます。
⑤ 《パスワード》に「uriage2024」と入力します。
※大文字と小文字が区別されます。注意して入力しましょう。
※入力したパスワードは「●」で表示されます。
⑥ 《OK》をクリックします。

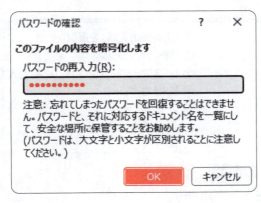

《パスワードの確認》ダイアログボックスが表示されます。
⑦ 《パスワードの再入力》に再度「uriage2024」と入力します。
⑧ 《OK》をクリックします。

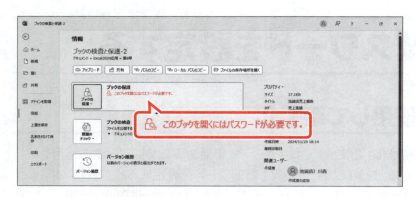

パスワードが設定されます。
※設定したパスワードは、ブックを保存すると有効になります。
※ブックに「下期売上実績」と名前を付けて、フォルダー「第8章」に保存し、閉じておきましょう。

STEP UP　パスワード

設定するパスワードは推測されにくいものにしましょう。次のようなパスワードは推測されやすいので、避けた方がよいでしょう。

・誕生日	・すべて同じ数字
・従業員番号や会員番号	・意味のある英単語　　など

※本書では、操作をわかりやすくするため意味のある英単語をパスワードにしています。

STEP UP　パスワードの種類

ブックに設定できるパスワードには、「読み取りパスワード」と「書き込みパスワード」の2種類があります。

種類	説明
読み取りパスワード	パスワードを知っているユーザーだけがブックを開いて編集できます。パスワードを知らないユーザーはブックを開くことができません。
書き込みパスワード	パスワードを知っているユーザーだけがブックを開いて編集できます。パスワードを知らないユーザーは読み取り専用（編集できない状態）でブックを開くことができます。

「パスワードを使用して暗号化」を使って設定したパスワードは、読み取りパスワードになります。ブックを開いたあとは、通常の編集が行えます。パスワードを知っているユーザーだけがブックを上書き保存できるようにするには、書き込みパスワードを設定する必要があります。
ブックに書き込みパスワードを設定する方法は、次のとおりです。
◆《ファイル》タブ→《名前を付けて保存》→《参照》→《ツール》→《全般オプション》→《書き込みパスワード》に設定

Let's Try　ためしてみよう

パスワードを設定したブック「下期売上実績」を開きましょう。

Let's Try Answer

①《ファイル》タブを選択
②《開く》をクリック
③《参照》をクリック
④ ブックが保存されている場所を選択
※《ドキュメント》→「Excel2024応用」→「第8章」を選択します。
⑤「下期売上実績」を選択
⑥《開く》をクリック
⑦《パスワード》に「uriage2024」と入力
⑧《OK》をクリック

※ブックを閉じておきましょう。

STEP UP　ブックのパスワードの解除

ブックに設定したパスワードを解除する方法は、次のとおりです。
◆《ファイル》タブ→《情報》→《ブックの保護》→《パスワードを使用して暗号化》→《パスワード》のパスワードを削除→《OK》→ブックを保存

STEP 6 シートを保護する

1 シートの保護

シートを保護すると、誤ってデータを消してしまったり書き換えてしまったりするのを防ぐことができます。複数のユーザーでシートを利用する場合などに便利です。
シートを保護しても、部分的に編集できるようにすることもできます。
一部のセルを編集可能にし、シートを保護する手順は、次のとおりです。

1 編集の可能性のあるセルのロックを解除する

2 シートを保護する

次のように、一部のセルは編集可能、それ以外のセルは編集不可にしましょう。

一部のセルは編集可能
それ以外のセルは編集不可

1 セルのロック解除

OPEN ブックの検査と保護-3

シート「**交通費申請書**」で、データを編集する可能性があるセルのロックを解除しましょう。

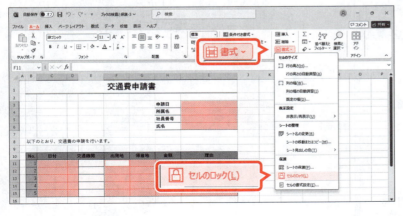

① セル範囲【I3:I6】を選択します。
② **Ctrl** を押しながら、セル範囲【C11:D15】、【F11:I15】を選択します。
③《ホーム》タブを選択します。
④《セル》グループの《書式》をクリックします。
⑤《保護》の《セルのロック》の左側の 🔒 に枠が付いている（ロックされている）ことを確認します。
⑥《保護》の《セルのロック》をクリックします。

227

選択したセルのロックが解除されます。

※《セル》グループの《書式》をクリックし、《保護》の《セルのロック》の左側の🔒に枠が付いていない（ロックが解除されている）ことを確認しておきましょう。

STEP UP　その他の方法（セルのロック解除）

◆セル範囲を選択→《ホーム》タブ→《セル》グループの《書式》→《セルの書式設定》→《保護》タブ→《☐ロック》
◆セル範囲を右クリック→《セルの書式設定》→《保護》タブ→《☐ロック》
◆セル範囲を選択→[Ctrl]+[1]→《保護》タブ→《☐ロック》

2 シートの保護

シート「**交通費申請書**」を保護しましょう。

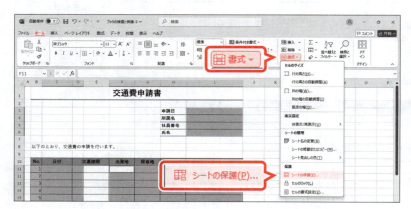

①《ホーム》タブを選択します。
②《セル》グループの《書式》をクリックします。
③《保護》の《シートの保護》をクリックします。

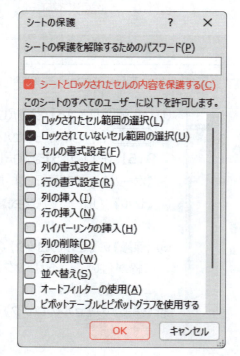

《シートの保護》ダイアログボックスが表示されます。
④《シートとロックされたセルの内容を保護する》を☑にします。
⑤《OK》をクリックします。

シートが保護されます。

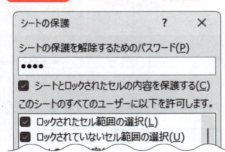

シートの保護を確認します。

⑥セル【E11】に任意のデータを入力します。
※ロックされているセルであれば、どこでもかまいません。

図のようなメッセージが表示されます。

⑦《OK》をクリックします。
※ロックを解除したセルにはデータが入力できることを確認しておきましょう。
※ブックに「ブックの検査と保護-3完成」と名前を付けて、フォルダー「第8章」に保存して閉じておきましょう。

STEP UP　その他の方法（シートの保護）

◆《ファイル》タブ→《情報》→《ブックの保護》→《現在のシートの保護》
◆《校閲》タブ→《保護》グループの《シートの保護》

POINT　アクティブセルの移動

[Tab]を押すと、ロックを解除したセルだけに、アクティブセルが移動します。

POINT　シートの保護の解除

シートの保護を解除して、すべてのセルを編集可能な状態に戻す方法は、次のとおりです。
◆《ホーム》タブ→《セル》グループの《書式》→《保護》の《シート保護の解除》

POINT　パスワードの設定

シートを保護する際にパスワードを設定すると、パスワードを知っているユーザーだけがシートの保護を解除できます。

STEP UP　ブックの保護

ブックを保護すると、ほかのユーザーがシートの追加や移動、削除、シート名の変更などシートの構成を変更できないように制限できます。ブックを保護する方法は、次のとおりです。
◆《校閲》タブ→《保護》グループの《ブックの保護》

229

 ## 練習問題

標準解答 ▶ P.13

 第8章練習問題

あなたはFOM食品株式会社の販売管理部に所属しており、注文書を作成しています。
完成図のような表を作成しましょう。
※アクティブシートを切り替えて、各シートの内容を確認しておきましょう。

●完成図

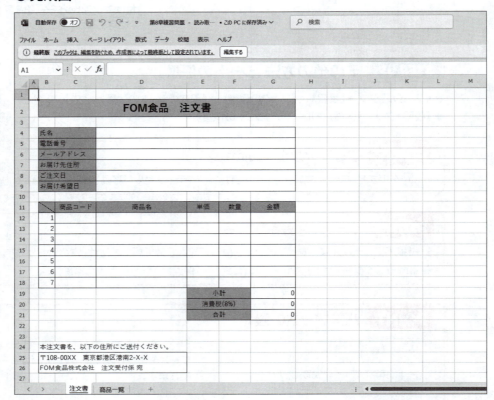

① ブック「**第8章練習問題**」のプロパティに、次の情報を設定しましょう。

タイトル：注文書 **会社名　：FOM食品株式会社**

② すべての項目を対象にドキュメントを検査して、検査結果からプロパティ以外の情報を削除しましょう。

③ ブックのアクセシビリティをチェックしましょう。
次に、シート「**注文書**」のセル範囲【**B26:D26**】のセル結合を解除しましょう。

④ シート「**注文書**」のセル範囲【**D4:D9**】とセル範囲【**C12:C18**】、セル範囲【**F12:F18**】のロックを解除しましょう。
次に、シート「**注文書**」を保護しましょう。

⑤ ブック「**第8章練習問題**」を最終版として保存しましょう。アクティブセルを、シート「**注文書**」のセル【**A1**】として保存します。

※ブックを閉じておきましょう。

第 **9** 章

便利な機能

この章で学ぶこと ··· 232

STEP 1 ブック間で集計する ······································· 233

STEP 2 クイック分析を利用する ································· 239

STEP 3 テンプレートとして保存する ··························· 243

練習問題 ·· 246

この章で学ぶこと

学習前に習得すべきポイントを理解しておき、
学習後には確実に習得できたかどうかを振り返りましょう。

第9章 便利な機能

■ 複数のブックを開いて、ウィンドウを切り替えたり、整列したりできる。 → P.233

■ 異なるブックのセルの値を参照できる。 → P.236

■ クイック分析で何ができるか説明できる。 → P.239

■ クイック分析を利用できる。 → P.240

■ ブックをテンプレートとして保存できる。 → P.243

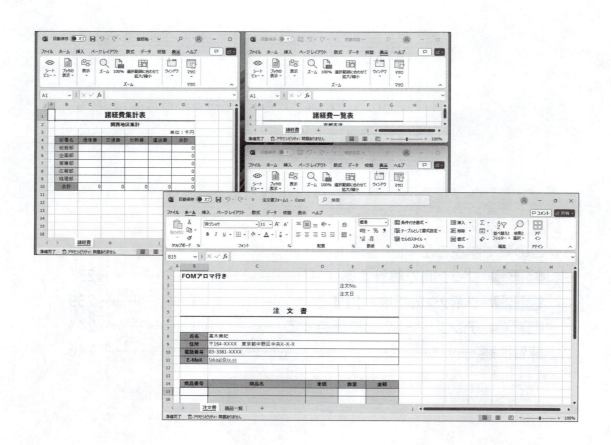

STEP 1 ブック間で集計する

1 複数のブックを開く

複数のブックを開くと、ブックごとにExcelのウィンドウが開かれます。ウィンドウを切り替えたり、並べて表示したりして複数のブックを効率的に操作できます。

1 複数のブックを開く

フォルダー「**第9章**」のブック「**関西地区集計**」「**京都支店**」「**梅田支店**」を一度に開きましょう。

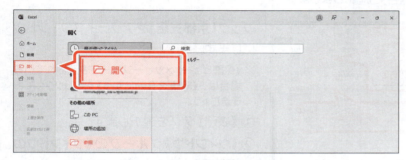

①《**ファイル**》タブを選択します。
※Excelを起動していない場合は、Excelを起動し、スタート画面が表示されている状態で②に進みます。
②《**開く**》をクリックします。
③《**参照**》をクリックします。

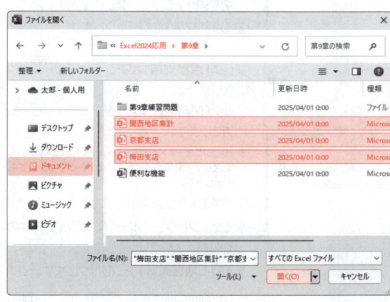

《**ファイルを開く**》ダイアログボックスが表示されます。
④左側の一覧から《**ドキュメント**》を選択します。
⑤一覧から「**Excel2024応用**」を選択します。
⑥《**開く**》をクリックします。
⑦一覧から「**第9章**」を選択します。
⑧《**開く**》をクリックします。
開くブックを選択します。
⑨一覧から「**関西地区集計**」を選択します。
⑩ [Shift] を押しながら、「**梅田支店**」を選択します。
⑪《**開く**》をクリックします。

3つのブックが開かれます。
⑫タスクバーのExcelのアイコンをポイントします。
ブックのサムネイルが表示されます。
※お使いの環境によっては、一番手前に表示されるブックや、タスクバーに表示されるブックの順番が異なる場合があります。

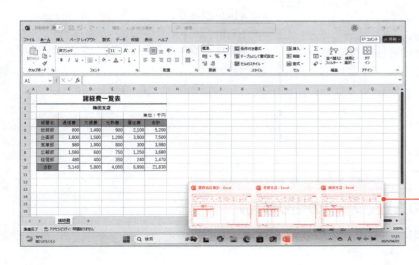

ブックのサムネイル

> **POINT　複数ブックの選択**
>
> 《ファイルを開く》ダイアログボックスで複数のブックを選択する方法は、次のとおりです。
>
> 連続するブックの選択
> ◆先頭のブックを選択→[Shift]を押しながら、最終のブックを選択
>
> 連続しないブックの選択
> ◆1つ目のブックを選択→[Ctrl]を押しながら、2つ目以降のブックを選択

2 ブックの切り替え

処理対象のウィンドウを「**アクティブウィンドウ**」といい、一番手前に表示されます。ブックを切り替えて、各ブックの内容を確認しましょう。

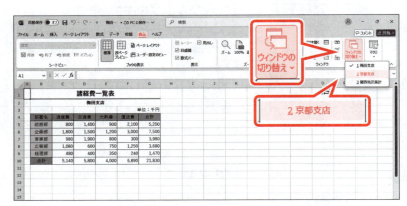

ブック「**京都支店**」をアクティブウィンドウにします。

※《保護ビュー》メッセージバーが表示されている場合は、《編集を有効にする》をクリックしておきましょう。

① 《表示》タブを選択します。
② 《ウィンドウ》グループの《**ウィンドウの切り替え**》をクリックします。
③ 《京都支店》をクリックします。

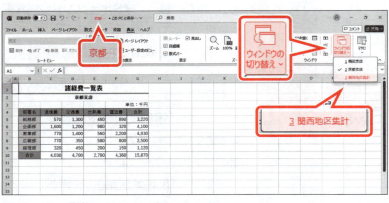

ブック「**京都支店**」がアクティブウィンドウになります。

ブック「**関西地区集計**」をアクティブウィンドウにします。

※《保護ビュー》メッセージバーが表示されている場合は、《編集を有効にする》をクリックしておきましょう。

④ 《表示》タブを選択します。
⑤ 《ウィンドウ》グループの《**ウィンドウの切り替え**》をクリックします。
⑥ 《関西地区集計》をクリックします。

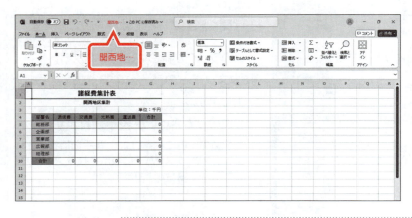

ブック「**関西地区集計**」がアクティブウィンドウになります。

※《保護ビュー》メッセージバーが表示されている場合は、《編集を有効にする》をクリックしておきましょう。

STEP UP　その他の方法（ブックの切り替え）

◆タスクバーのExcelのアイコンをポイント→ブックのサムネイルをクリック

3 並べて表示

複数のブックを開いている場合、ウィンドウのサイズを自動的に調整して並べて表示できます。開いている3つのブックを並べて表示しましょう。

①ブック**「関西地区集計」**がアクティブウィンドウになっていることを確認します。
②《**表示**》タブを選択します。
③《**ウィンドウ**》グループの《**整列**》をクリックします。

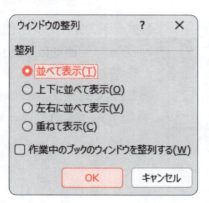

《**ウィンドウの整列**》ダイアログボックスが表示されます。
④《**並べて表示**》を◉にします。
⑤《**OK**》をクリックします。

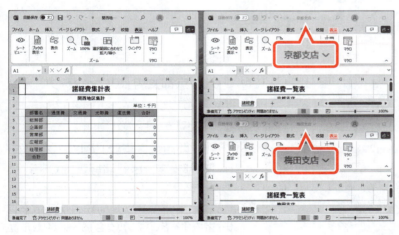

ブックが並べて表示されます。
データを見やすくするために、リボンを折りたたみます。
⑥右側に表示されるブック**「京都支店」**のウィンドウ内をクリックします。
⑦ブック**「京都支店」**の《**表示**》タブをダブルクリックします。
※《ファイル》タブ以外であれば、どのタブでもかまいません。
⑧同様に、**「梅田支店」**のリボンを折りたたみます。

POINT ウィンドウの整列

ウィンドウの整列方法には、次のようなものがあります。

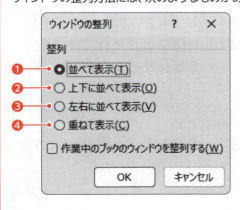

❶ 並べて表示
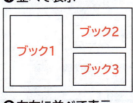

❷ 上下に並べて表示
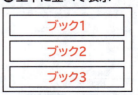

❸ 左右に並べて表示

❹ 重ねて表示

※ウィンドウの整列後に《保護ビュー》メッセージバーの《編集を有効にする》をクリックすると、ウィンドウがずれる場合があります。その場合は、再度ウィンドウの整列を実行しましょう。

2 異なるブックのセル参照

異なるブックのセルの値を参照できます。参照元のブックの値が変更されると、参照先のブックも再計算されます。

1 ブック間の集計

ブック「関西地区集計」のセル【C5】に、ブック「京都支店」のセル【C5】とブック「梅田支店」のセル【C5】を合計する数式を入力しましょう。

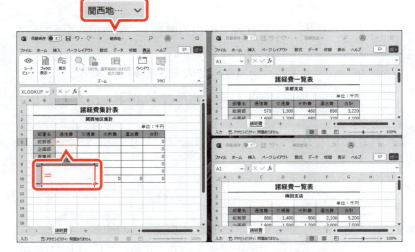

数式を入力するセルを選択します。
①ブック「関西地区集計」のウィンドウ内をクリックします。
②セル【C5】をクリックします。
③「=」を入力します。

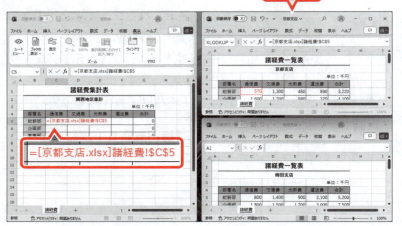

④ブック「京都支店」のウィンドウ内をクリックします。
⑤セル【C5】をクリックします。
⑥ブック「関西地区集計」のセル【C5】に「=[京都支店.xlsx]諸経費!$C$5」と表示されていることを確認します。
※「=」を入力したあとに、ブックを切り替えてセルを選択すると、「[ブック名]シート名!セル位置」が入力されます。

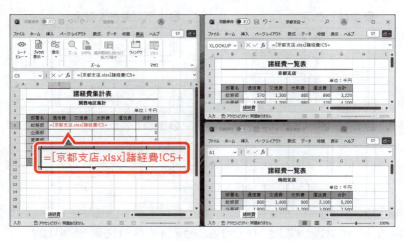

⑦ F4 を3回押します。
⑧ブック「関西地区集計」のセル【C5】に「=[京都支店.xlsx]諸経費!C5+」と表示されていることを確認します。
※数式を入力後にコピーするので、セルは相対参照にします。
⑨「=[京都支店.xlsx]諸経費!C5」に続けて、「+」を入力します。

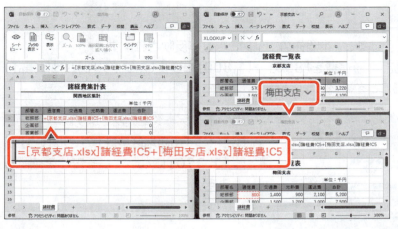

⑩ブック「**梅田支店**」のウィンドウ内をクリックします。

⑪セル【**C5**】をクリックします。

⑫ F4 を3回押します。

⑬ブック「**関西地区集計**」のセル【**C5**】に「**＝[京都支店.xlsx]諸経費!C5+[梅田支店.xlsx]諸経費!C5**」と表示されていることを確認します。

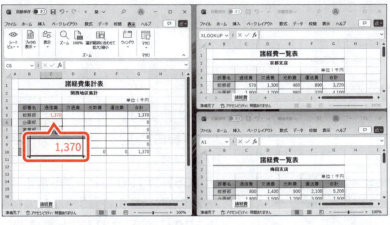

⑭ Enter を押します。

数式が入力され、計算結果が表示されます。

※ブック「関西地区集計」の表には、桁区切りスタイルの表示形式が設定されています。

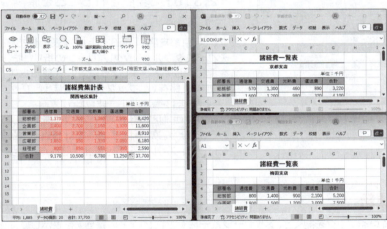

数式をコピーします。

⑮ブック「**関西地区集計**」のセル【**C5**】を選択し、セル右下の■（フィルハンドル）をダブルクリックします。

⑯ブック「**関西地区集計**」のセル範囲【**C5:C9**】を選択し、セル範囲右下の■（フィルハンドル）をセル【**F9**】までドラッグします。

POINT　セルの値を参照する数式

「同じシート内」「同じブック内の別シート」「別ブック」のセルの値を参照する数式は、次のとおりです。

セル参照	数式	例
同じシート内のセルの値	=セル位置	=A1
同じブック内の別シートのセルの値	=シート名!セル位置	=Sheet1!A1 ='4月度'!G2
別ブックのセルの値	=[ブック名]シート名!セル位置	=[URIAGE.xlsx]Sheet1!$A$1 ='[URIAGE.xlsx]4月度'!$G$2 ※参照元のブックを閉じると、ブック名の前に「ドライブ（パス）名」が入力されます。

※シート名が数字で始まる場合やシート名に空白が含まれる場合、「='4月度'!G2」のように「'（シングルクォーテーション）」で囲まれて表示されます。

237

2 データの更新

参照元のブックの値を変更すると、参照先のブックに変更が反映されます。
ブック**「梅田支店」**の総務部の通信費を「800」→「1,800」に変更し、ブック**「関西地区集計」**の計算結果に反映されることを確認しましょう。

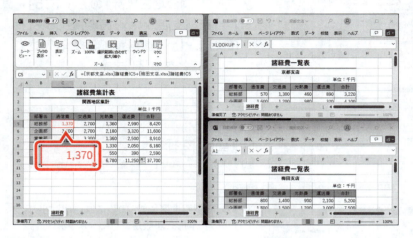

変更前のデータを確認します。
①ブック**「関西地区集計」**のセル**【C5】**が「1,370」になっていることを確認します。

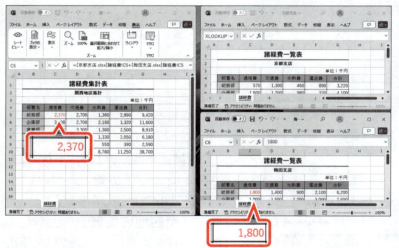

データを変更します。
②ブック**「梅田支店」**のウィンドウ内をクリックします。
③セル**【C5】**に「1800」と入力します。
④ブック**「関西地区集計」**のセル**【C5】**が「2,370」に変更されることを確認します。

※ブック「京都支店」「梅田支店」の《表示》タブをそれぞれダブルクリックし、リボンの折りたたみを元に戻しておきましょう。ブック「梅田支店」は上書き保存し、ブック「梅田支店」とブック「京都支店」を閉じておきましょう。
※ブック「関西地区集計」のウィンドウを最大化しておきましょう。次に「関西地区集計報告」と名前を付けて、フォルダー「第9章」に保存しましょう。

POINT　データの更新

異なるブックの値を参照しているブックを開くと、メッセージバーに《セキュリティの警告》を表示して、データの自動更新を無効にします。データを更新する場合は、《コンテンツの有効化》をクリックします。再度ブックを開くと、次のようなメッセージが表示されます。データを更新する場合は、《更新する》をクリックします。

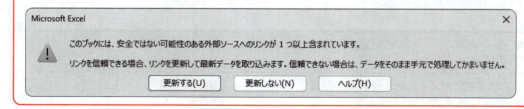

STEP2 クイック分析を利用する

1 クイック分析

セル範囲を選択すると右下にクイック分析のボタンが表示され、条件付き書式、グラフ、集計、テーブル、スパークラインの機能を簡単に設定することができます。
より少ない手順でコマンドを実行でき、すばやくデータを分析できます。
クイック分析には、次のようなものがあります。

●書式設定
条件付き書式を設定できます。

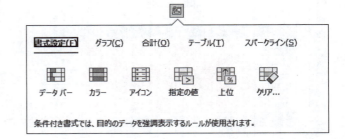

●グラフ
選択したデータの種類によって様々な種類のグラフが表示されます。作成したいグラフが一覧にない場合は、《その他の》をクリックします。

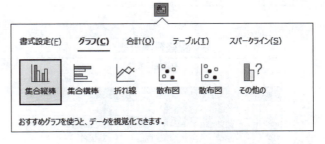

●合計
選択したセル範囲の合計や平均、データの個数などを求めることができます。

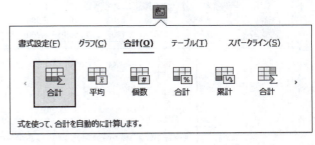

●テーブル
テーブルやピボットテーブルを作成できます。

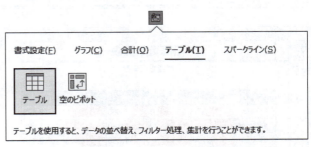

●スパークライン
選択したセル範囲のスパークラインを作成できます。

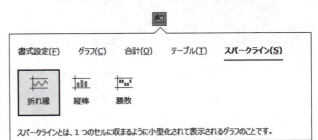

2 クイック分析の利用

クイック分析は、選択しているデータに対して使用できる機能が表示されます。表を範囲選択して、クイック分析を利用しましょう。

1 データバーの表示

視覚的に金額の大小を比較できるように、セル範囲【C5:F9】にデータバーを表示しましょう。

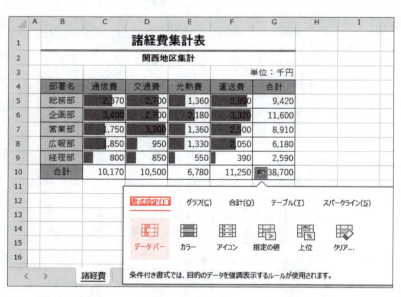

①セル範囲【C5:F9】を選択します。
セル範囲の右下に《クイック分析》が表示されます。
②《クイック分析》をクリックします。

③《書式設定》をクリックします。
④《データバー》をクリックします。
※一覧をポイントすると、設定後のイメージを画面で確認できます。

セル範囲【C5:F9】にデータバーが表示されます。
※選択を解除して、書式を確認しておきましょう。

2 グラフの挿入

各部署と合計の費用を比較できるように、セル範囲【B4:F10】のデータをもとにグラフを挿入しましょう。

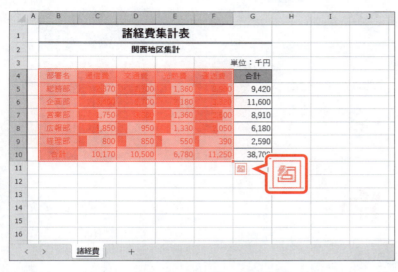

①セル範囲【B4:F10】を選択します。
セル範囲の右下に《クイック分析》が表示されます。
②《クイック分析》をクリックします。

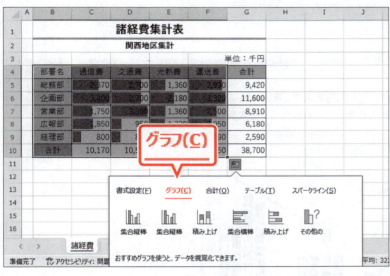

③《グラフ》をクリックします。

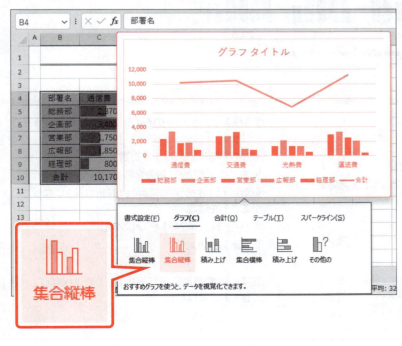

一覧のグラフをポイントすると、プレビューが表示されます。
④図の《集合縦棒》をクリックします。

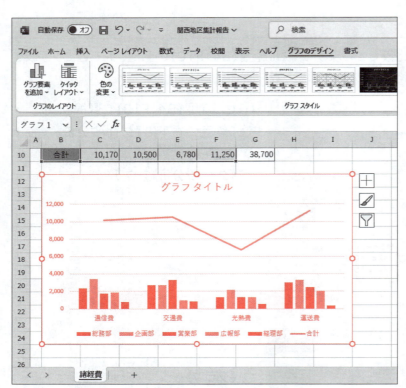

グラフが挿入されます。

※グラフをセル範囲【B12:I24】に配置しておきましょう。

Let's Try ためしてみよう

① グラフタイトルに「関西地区諸経費グラフ」と入力しましょう。
②「合計」のデータ系列を、第2軸を使用した折れ線グラフに変更しましょう。

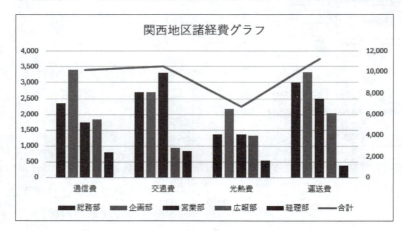

①

① グラフタイトルをクリック
② グラフタイトルを再度クリック
③「グラフタイトル」を削除し、「関西地区諸経費グラフ」と入力
④ グラフタイトル以外の場所をクリック

②

① グラフを選択
②《グラフのデザイン》タブを選択

③《種類》グループの《グラフの種類の変更》をクリック
④《すべてのグラフ》タブを選択
⑤ 左側の一覧から《組み合わせ》を選択
⑥《合計》の《グラフの種類》が《折れ線》になっていることを確認
⑦《合計》の《第2軸》を☑にする
⑧《OK》をクリック

※ブック「関西地区集計報告」を上書き保存して、閉じておきましょう。

STEP 3 テンプレートとして保存する

1 テンプレートとして保存

OPEN
E 便利な機能

「**テンプレート**」とは、必要な数式を入力したり書式を設定したりしたブックのひな形のことです。請求書や注文書など、繰り返し使う定型のブックをテンプレートとして保存しておくと、一部の内容を入力するだけで効率よくブックを作成できます。

1 テンプレートとして保存

ブックに必要なデータを入力し、「**注文書フォーム**」という名前を付けて、テンプレートとして保存しましょう。

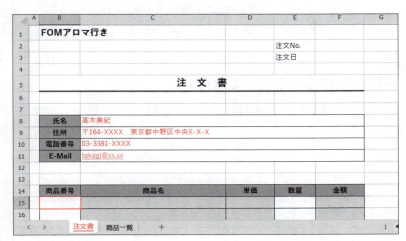

①シート「**注文書**」に、図のようにデータを入力します。

※毎回変わらないデータは、入力しておくと効率的です。

セル【C8】	：高木美紀
セル【C9】	：〒164-XXXX□東京都中野区中央X-X-X
セル【C10】	：03-3381-XXXX
セル【C11】	：takagi@xx.xx

※「〒」は、「ゆうびん」と入力して変換します。
※□は全角スペースを表します。

②セル【**B15**】をクリックします。

※テンプレートを利用するときに便利な位置にアクティブセルを合わせておくと効率的です。

③《**ファイル**》タブを選択します。
④《**エクスポート**》をクリックします。
※お使いの環境によっては、《エクスポート》が表示されていない場合があります。その場合は、《その他》→《エクスポート》をクリックします。

⑤《**ファイルの種類の変更**》をクリックします。

⑥《**ブックファイルの種類**》の《**テンプレート**》をクリックします。

⑦《**名前を付けて保存**》をクリックします。

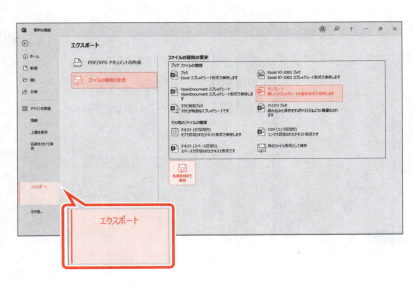

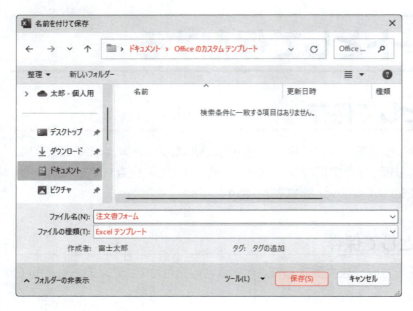

《名前を付けて保存》ダイアログボックスが表示されます。
保存先を指定します。

⑧《ドキュメント》が表示されていることを確認します。
※表示されていない場合は、左側の《ドキュメント》をクリックします。
⑨一覧から《Officeのカスタムテンプレート》を選択します。
⑩《開く》をクリックします。
⑪《ファイル名》に「注文書フォーム」と入力します。
⑫《ファイルの種類》が《Excelテンプレート》になっていることを確認します。
⑬《保存》をクリックします。
※テンプレートを閉じておきましょう。

STEP UP その他の方法(テンプレートとして保存)

◆《ファイル》タブ→《名前を付けて保存》→《参照》→保存先を選択→《ファイル名》を入力→《ファイルの種類》の▼→《Excelテンプレート》→《保存》

POINT テンプレートの保存先

作成したテンプレートは、任意のフォルダーに保存できますが、《ドキュメント》内の《Officeのカスタムテンプレート》に保存すると、Excelのスタート画面から利用できるようになります。

2 テンプレートの利用

テンプレートを利用するには、テンプレートをもとに新しいブックを作成します。
テンプレート「**注文書フォーム**」を使って、新しいブックを作成しましょう。

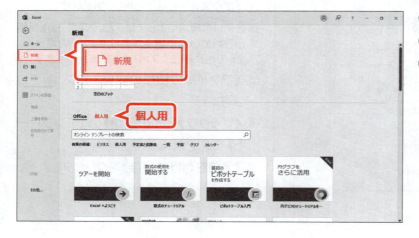

①《ファイル》タブを選択します。
②《新規》をクリックします。
③《個人用》をクリックします。

244

個人用のテンプレートが表示されます。
④「**注文書フォーム**」をクリックします。

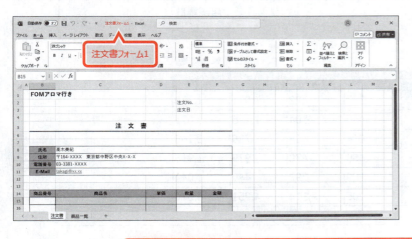

テンプレート「**注文書フォーム**」が新しいブックにコピーされ、「**注文書フォーム1**」として開かれます。
※ブックを保存せずに閉じておきましょう。

POINT テンプレートの削除

自分で作成したテンプレートは削除することができます。
作成したテンプレートを削除する方法は、次のとおりです。

◆タスクバーの《エクスプローラー》→《ドキュメント》→《Officeのカスタムテンプレート》→作成したテンプレートを選択→ Delete

---

STEP UP オンラインテンプレートを使ったブックの作成

インターネットに接続できる環境では、Microsoftがインターネット上に公開している「オンラインテンプレート」を利用してブックを作成できます。
オンラインテンプレートを利用する方法は、次のとおりです。

◆《ファイル》タブ→《新規》→一覧から選択→《作成》

また、数多くのオンラインテンプレートが提供されているので、キーワードで絞り込むと効率的です。

◆《ファイル》タブ→《新規》→《オンラインテンプレートの検索》にキーワードを入力→《検索の開始》→一覧から選択→《作成》

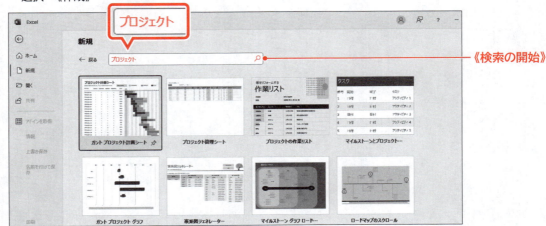

練習問題

PDF 標準解答 ▶ P.15

あなたは、アクセサリー販売店に勤務しており、各店舗の売上数を集計することになりました。完成図のような表を作成しましょう。

●完成図

	A	B	C	D	E	F
1		商品売上数			全店舗集計	
2						
3						単位：個
4		商品名	10月	11月	12月	合計
5		ネックレス	377	422	971	1,770
6		ブレスレット	446	504	1,125	2,075
7		リング	614	418	736	1,768
8		ピアス	459	478	979	1,916
9		イヤリング	309	292	440	1,041
10		合計	2,205	2,114	4,251	8,570
11						

①　フォルダー「**第9章**」のフォルダー「**第9章練習問題**」にあるブック「**くすの木通り店**」「**自由が丘店**」「**東京駅ビル店**」「**全店舗集計**」を一度に開きましょう。

※《保護ビュー》メッセージバーが表示されている場合は、《編集を有効にする》をクリックしておきましょう。

②　開いた4つのブックを並べて表示しましょう。

③　ブック「**全店舗集計**」のセル【**C5**】に、ブック「**くすの木通り店**」「**自由が丘店**」「**東京駅ビル店**」のセル【**C5**】の商品売上数の合計を表示しましょう。

④　ブック「**全店舗集計**」のセル【**C5**】の数式を、セル範囲【**C5:E9**】にコピーしましょう。

※ブック「全店舗集計」以外のブックを保存せずに閉じておきましょう。
　ブック「全店舗集計」のウィンドウを最大化し、リボンの折りたたみを元に戻しておきましょう。

※ブックに「全店舗集計完成」と名前を付けて、フォルダー「第9章」に保存し、閉じておきましょう。

総合問題

総合問題1	……………………………………………	248
総合問題2	……………………………………………	250
総合問題3	……………………………………………	252
総合問題4	……………………………………………	254
総合問題5	……………………………………………	256
総合問題6	……………………………………………	258
総合問題7	……………………………………………	260
総合問題8	……………………………………………	262
総合問題9	……………………………………………	264
総合問題10	……………………………………………	266

総合問題1

あなたは、ウェブサイトデザイン研修の合格者発表に向けて、試験結果をまとめることになりました。
完成図のような表を作成しましょう。

※アクティブシートを切り替えて、各シートの内容を確認しておきましょう。
※標準解答は、FOM出版のホームページで提供しています。P.5「5 学習ファイルと標準解答のご提供について」を参照してください。

● 完成図

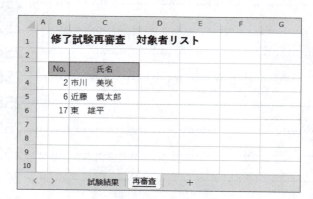

① シート「**試験結果**」のセル【**H9**】に、セル【**G9**】の「**採点者A評価**」に対応する「**採点者A点数**」を表示する数式を入力しましょう。4～5行目にある「**●実技評価点**」の表を参照します。次に、セル【**H9**】の数式をコピーして、「**採点者A点数**」欄を完成させましょう。

② セル【**J9**】に、セル【**I9**】の「**採点者B評価**」に対応する「**採点者B点数**」を表示する数式を入力しましょう。4～5行目にある「**●実技評価点**」の表を参照します。
次に、セル【**J9**】の数式をコピーして、「**採点者B点数**」欄を完成させましょう。

③ セル【**L9**】に、表の1人目の「**総合点**」を表示する数式を入力しましょう。
「**総合点**」は、「**筆記小計×筆記試験の得点配分＋実技小計×実技試験の得点配分**」で求めます。なお、「**総合点**」の小数点以下は四捨五入します。
次に、セル【**L9**】の数式をコピーして、「**総合点**」欄を完成させましょう。

④ セル【**M9**】に、表の1人目の「**順位**」を表示する数式を入力しましょう。「**総合点**」が高い順に「**1**」「**2**」「**3**」・・・と順位を付けます。
次に、セル【**M9**】の数式をコピーして、「**順位**」欄を完成させましょう。

⑤ セル【**N9**】に、セル【**L9**】の「**総合点**」に対しての「**結果**」を表示する数式を入力しましょう。
次の条件に基づいて、文字列を表示します。

> 「**総合点**」が100以上であれば「**合格**」、80以上であれば「**再審査**」、それ以外は「**不合格**」

次に、セル【**N9**】の数式をコピーして、「**結果**」欄を完成させましょう。

⑥ 「**採点者A評価**」欄と「**採点者B評価**」欄に、セルの値が「**SA**」または「**A**」の場合、「**濃い黄色の文字、黄色の背景**」の書式を設定しましょう。

⑦ 「**総合点**」欄で上位20％のセルに、「**濃い緑の文字、緑の背景**」の書式を設定しましょう。

⑧ セル【**N4**】に、「**結果**」が「**合格**」の人の「**筆記小計**」の最高点を表示する数式を入力しましょう。

HINT MAXIFS関数を使います。指定した範囲内で、条件を満たしているセルの最大値を求めることができます。

⑨ セル【**N5**】に、「**結果**」が「**合格**」の人の「**筆記小計**」の最低点を表示する数式を入力しましょう。

HINT MINIFS関数を使います。指定した範囲内で、条件を満たしているセルの最小値を求めることができます。

⑩ シート「**再審査**」のセル【**B4**】を開始位置として、「**結果**」が「**再審査**」のデータを抽出して「**No.**」と「**氏名**」を表示する関数を入力しましょう。該当するデータがない場合は、「**対象者なし**」と表示するようにします。

※ブックに「総合問題1完成」と名前を付けて、フォルダー「総合問題」に保存し、閉じておきましょう。

総合問題2

あなたは、ビジネススクールでオンラインセミナーの運営を担当をしており、開催状況を報告する資料を作成することになりました。
完成図のような表とグラフィックを作成しましょう。
※アクティブシートを切り替えて、各シートの内容を確認しておきましょう。

●完成図

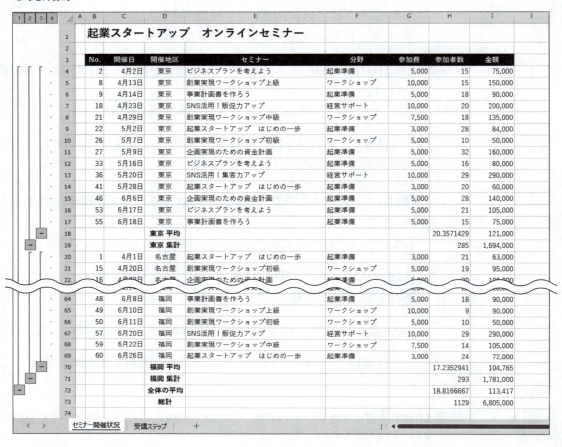

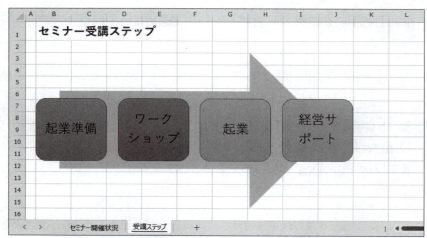

① シート「**セミナー開催状況**」の表のレコードを「**開催地区**」ごとに並べ替えましょう。
「**東京**」「**名古屋**」「**大阪**」「**福岡**」の順番にします。

HINT 表のレコードを並べ替えるには、《データ》タブ→《並べ替えとフィルター》グループの《並べ替え》→《順序》の▼→《ユーザー設定リスト》を使います。

② 「**開催地区**」ごとに「**参加者数**」と「**金額**」を合計する集計行を追加しましょう。

③ 「**開催地区**」ごとに「**参加者数**」と「**金額**」を平均する集計行を追加しましょう。②で追加した集計行は削除しないようにします。

④ シート「**受講ステップ**」にSmartArtグラフィック「**矢印と長方形のプロセス**」を作成し、完成図を参考に位置とサイズを調整しましょう。

HINT 「矢印と長方形のプロセス」は、《手順》に分類されています。

⑤ 完成図を参考に、テキストウィンドウを使って、SmartArtグラフィックに次の文字列を入力しましょう。

起業準備
ワークショップ
起業
経営サポート

---

⑥ SmartArtグラフィックの色とスタイルを、次のように設定しましょう。

色　　　：カラフル-アクセント5から6
スタイル：パステル

---

⑦ SmartArtグラフィックのすべての文字列のフォントサイズを「**20**」に変更しましょう。

⑧ SmartArtグラフィックに「**セミナー受講ステップ**」という代替テキストを設定しましょう。

HINT SmartArtグラフィックに代替テキストを設定するには、《書式》タブ→《アクセシビリティ》グループの《代替テキストウィンドウを表示します》を使います。

※ブックに「総合問題2完成」と名前を付けて、フォルダー「総合問題」に保存し、閉じておきましょう。

251

総合問題3

  総合問題3

あなたは、ビジネススクールでオンラインセミナーの運営を担当をしており、オンラインセミナーの開催状況のデータを分析、視覚化し、会議資料を作成することになりました。
完成図のようなピボットテーブルとピボットグラフを作成しましょう。
※お使いの環境によっては、完成図が異なる場合があります。

●完成図

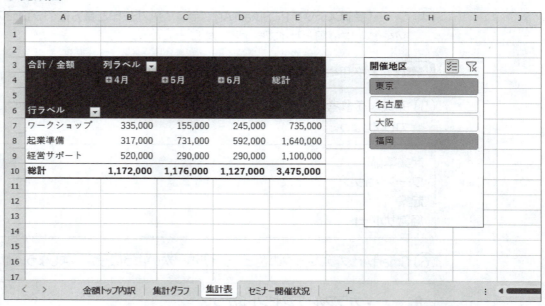

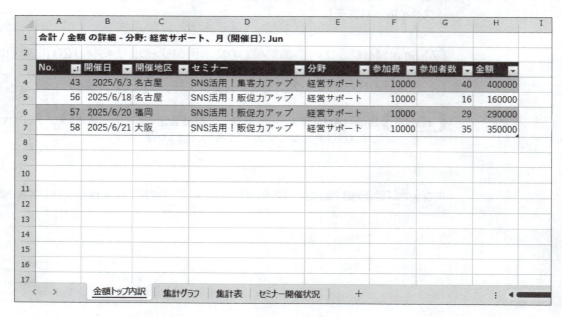

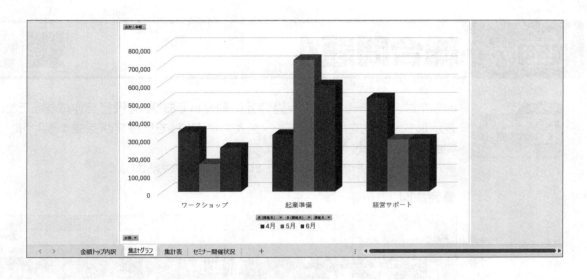

① 表のデータをもとに、次の設定でピボットテーブルを作成しましょう。
ピボットテーブルは新しいシートに作成し、シートの名前は「**集計表**」にします。

行ラベルエリア ： セミナー 列ラベルエリア ： 開催日 値エリア   ： 金額

② ピボットテーブルの行ラベルエリアを「**セミナー**」から「**分野**」に変更しましょう。

③ ピボットテーブルの「**金額**」に3桁区切りのカンマを付けましょう。

④ ピボットテーブルにスタイル「**薄い水色,ピボットスタイル(中間)9**」を適用しましょう。

⑤ 「**6月**」の「**経営サポート**」の詳細データを、新しいシートに表示しましょう。
シートの名前は「**金額トップ内訳**」にし、詳細データを「**No.**」の昇順に並べ替えます。

⑥ ピボットテーブルに「**開催地区**」のスライサーを表示して、「**開催地区**」を「**東京**」と「**福岡**」に絞り込んで集計結果を表示しましょう。

⑦ ピボットテーブルをもとに、ピボットグラフを作成しましょう。
グラフの種類は「**3-D集合縦棒**」にします。

⑧ シート上のピボットグラフをグラフシートに移動しましょう。
グラフシートの名前は「**集計グラフ**」にします。

⑨ グラフエリアのフォントサイズを「**14**」に変更しましょう。

⑩ グラフの凡例がグラフの下に表示されるように設定しましょう。

※ブックに「**総合問題3完成**」と名前を付けて、フォルダー「**総合問題**」に保存し、閉じておきましょう。

総合問題4

あなたは、スポーツグッズ販売会社に勤務しており、見積書を作成することになりました。
表示形式や数式を設定し、データを入力するだけで見積書が完成するようにします。
完成図のような表を作成しましょう。
※アクティブシートを切り替えて、各シートの内容を確認しておきましょう。

●完成図

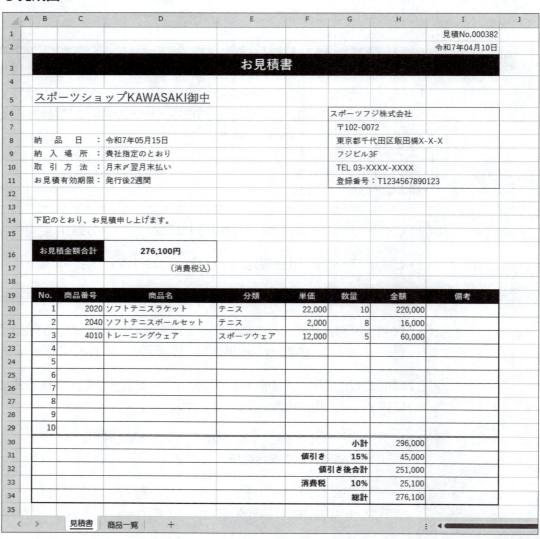

① シート「見積書」のセル【I1】の「382」が「見積No.000382」と表示されるように、表示形式を設定しましょう。

② セル【I2】の「2025/4/10」が「令和7年04月10日」、セル【D8】の「2025/5/15」が「令和7年05月15日」と表示されるように、表示形式を設定しましょう。

③ セル【B5】の「スポーツショップKAWASAKI」が「スポーツショップKAWASAKI御中」と表示されるように、表示形式を設定しましょう。

④ セル範囲【B8:B11】の文字列を、それぞれセル内で均等に割り付けましょう。

(HINT) 文字列をセル内で均等に割り付けるには、《ホーム》タブ→《配置》グループの 🗊 (配置の設定) →《配置》タブ→《横位置》を使います。

⑤ セル【C20】の「商品番号」に対応する「商品名」「分類」「単価」を表示する数式を入力しましょう。数式はセル【D20】に入力し、D〜F列に対応する「商品名」「分類」「単価」がスピルで表示されるようにします。シート「商品一覧」の表を参照し、「商品番号」が入力されていない場合は、何も表示されないようにします。
次に、セル【D20】の数式をコピーして、「商品名」「分類」「単価」の欄を完成させましょう。

⑥ 「単価」欄に3桁区切りのカンマを付けましょう。

⑦ セル【H20】に「金額」を表示する数式を入力しましょう。「金額」は、「単価×数量」で求めます。「数量」が入力されていない場合は、「金額」には何も表示されないようにします。
次に、セル【H20】の数式をコピーして、「金額」欄を完成させましょう。

⑧ セル【H31】の数式を編集して、百の位以下を切り上げて表示されるようにしましょう。

⑨ すべての項目を対象にドキュメントを検査して、検査結果からコメントやメモを削除しましょう。

※ブックに「総合問題4完成」と名前を付けて、フォルダー「総合問題」に保存し、閉じておきましょう。

総合問題5

 総合問題5

あなたは、スポーツグッズ販売会社に勤務しており、見積書を作成することになりました。
入力規則やブックのプロパティを設定し、テンプレートにします。
完成図のような表を作成しましょう。

※アクティブシートを切り替えて、各シートの内容を確認しておきましょう。

●完成図

① シート「**見積書**」のセル【B5】、セル範囲【D9:D11】を入力する際、日本語入力モードがオンになるように、入力規則を設定しましょう。

② セル範囲【I1:I2】、セル【D8】、セル範囲【C20:C29】、【G20:G29】を入力する際、日本語入力モードがオフになるように、入力規則を設定しましょう。

③ セル【D8】に「**日曜日・祝日の配送は行っておりません**」というメモを挿入しましょう。

④ アイコンを挿入し、完成図を参考に位置を調整しましょう。アイコンは「**山**」というキーワードで検索します。

※インターネットに接続している状態で操作します。

（HINT） アイコンを挿入するには、《挿入》タブ→《図》グループの《アイコンの挿入》を使います。

⑤ アイコンの塗りつぶしの色を「**濃い青緑、アクセント1**」に設定しましょう。

（HINT） アイコンの塗りつぶしの色を設定するには、《グラフィックス形式》タブ→《グラフィックのスタイル》グループの《グラフィックの塗りつぶし》を使います。

⑥ シートの枠線を非表示にしましょう。

（HINT） シートの枠線を非表示にするには、《表示》タブ→《表示》グループを使います。

⑦ ブックのプロパティに、次の情報を設定しましょう。

タイトル ：見積書
作成者 ：スポーツフジ）木下

---

⑧ 次のセル範囲のロックを解除し、シート「**見積書**」を保護しましょう。

セル範囲【I1:I2】
セル【B5】
セル範囲【D8:D11】
セル範囲【C20:C29】
セル範囲【G20:G29】
セル範囲【I20:I29】

---

⑨ ブックに「**見積書**」という名前を付けて、テンプレートとして保存しましょう。
保存後、ブックを閉じましょう。

⑩ テンプレート「**見積書**」をもとに新しいブックを開きましょう。

※ブックを保存せずに閉じておきましょう。

 # 総合問題6

OPEN

あなたは、旅行代理店で企画を担当しており、ツアーの情報をまとめた資料を作成することになりました。
完成図のような表とグラフィックを作成しましょう。

●完成図

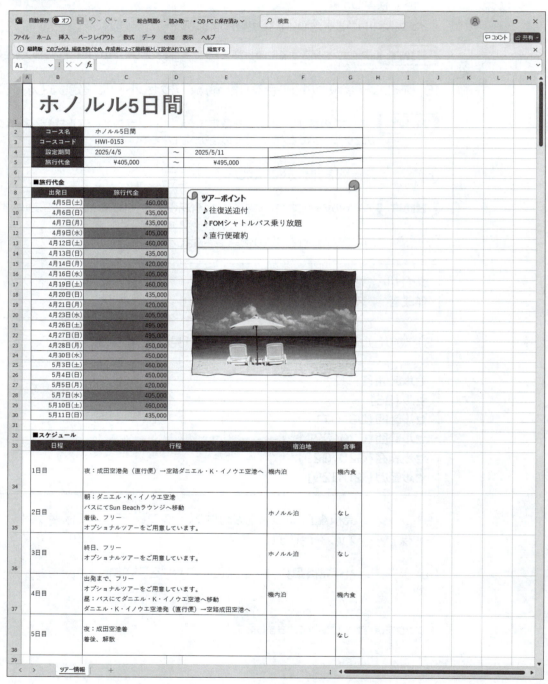

① ワードアートを使って、「ホノルル5日間」というタイトルを挿入しましょう。
　 ワードアートスタイルは、「**塗りつぶし：水色、アクセントカラー4；面取り（ソフト）**」にします。

HINT ワードアートを挿入するには、《挿入》タブ→《テキスト》グループの《ワードアートの挿入》を使います。

② ワードアートのフォントサイズを「**40**」に変更し、完成図を参考に位置を調整しましょう。

③ セル範囲【C9：C30】の「**旅行代金**」を「**赤、黄、緑のカラースケール**」で表示しましょう。

④ 図形「**スクロール：横**」を作成し、完成図を参考に位置とサイズを調整しましょう。

⑤ 図形にスタイル「**枠線のみ-水色、アクセント4**」を適用しましょう。

⑥ 図形に次の文字列を追加しましょう。

ツアーポイント [Enter]
♪往復送迎付 [Enter]
♪FOMシャトルバス乗り放題 [Enter]
♪直行便確約

HINT 「♪」は「おんぷ」と入力して変換します。

⑦ 図形内のすべての文字列のフォントサイズを「**14**」に設定しましょう。

⑧ 図形内の文字列「**ツアーポイント**」に、次の書式を設定しましょう。

フォント 　　：Meiryo UI
フォントの色：濃い青緑、アクセント1
太字
---

⑨ 画像「**イメージ写真**」を挿入し、完成図を参考に、位置とサイズを調整しましょう。
　 画像「**イメージ写真**」は、フォルダー「**Excel2024応用**」のフォルダー「**総合問題**」にあります。

HINT 画像を挿入するには、《挿入》タブ→《図》グループの《画像の挿入》→《セルの上に配置》を使います。

⑩ 完成図を参考に、画像の枠線にスケッチスタイルの「**フリーハンド**」を設定しましょう。

HINT スケッチスタイルを設定するには、《図の形式》タブ→《図のスタイル》グループの《図の枠線》の▼を使います。

⑪ 画像に「**ツアーのイメージ写真**」という代替テキストを設定しましょう。

HINT 画像に代替テキストを設定するには、《図の形式》タブ→《アクセシビリティ》グループの《代替テキストウィンドウを表示します》を使います。

⑫ ブックを最終版として保存しましょう。アクティブセルをセル【A1】にして保存します。

※ブックを閉じておきましょう。

259

総合問題7

あなたは、旅行代理店で企画を担当しており、旅行先の現地情報をまとめることになりました。図形やスパークラインなどを使って、資料を見やすく整えます。
完成図のような表を作成しましょう。

●完成図

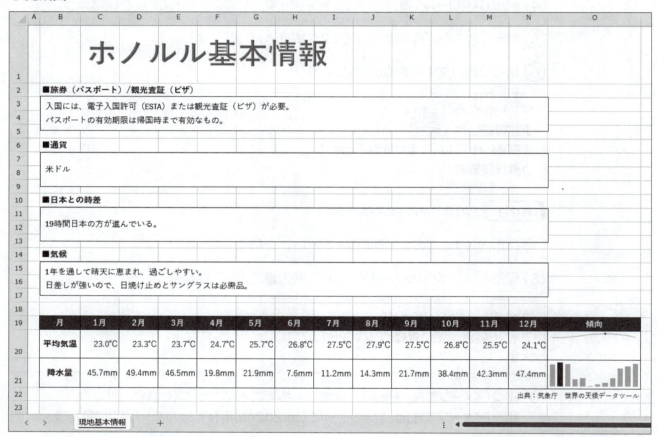

① 完成図を参考に、「■旅券（パスポート）/観光査証（ビザ）」の下に横書きのテキストボックスを作成し、次のように文字列を入力しましょう。

入国には、電子入国許可（ESTA）または観光査証（ビザ）が必要。
パスポートの有効期限は帰国時まで有効なもの。

② 作成したテキストボックスに、次の書式を設定しましょう。

図形の枠線　　：黒、テキスト1
文字列の配置：上下中央揃え

③ 完成図を参考に、①で作成したテキストボックスを3つコピーしましょう。

④ 完成図を参考に、コピーしたテキストボックスの文字列を次のように変更しましょう。

米ドル

19時間日本の方が進んでいる。

1年を通して晴天に恵まれ、過ごしやすい。
日差しが強いので、日焼け止めとサングラスは必需品。

⑤ セル範囲【C20:N20】が「〇.〇℃」と表示されるように、表示形式を設定しましょう。

HINT 「℃」は「たんい」または「ど」と入力して変換します。

⑥ セル範囲【C21:N21】が「〇.〇mm」と表示されるように、表示形式を設定しましょう。

⑦ セル範囲【O20:O21】に平均気温、降水量の折れ線スパークラインを作成しましょう。

⑧ 降水量の折れ線スパークラインを縦棒スパークラインに変更しましょう。

HINT 折れ線スパークラインはグループ化されているので、《選択したスパークラインのグループ解除》を使ってグループを解除します。

⑨ 平均気温のスパークラインの最小値を「0」に設定しましょう。

⑩ 平均気温、降水量のスパークラインの最大値を強調しましょう。

⑪ 平均気温、降水量のスパークラインに、スタイル「**緑,スパークラインスタイルアクセント6、白+基本色40%**」を適用しましょう。

※ブックに「総合問題7完成」と名前を付けて、フォルダー「総合問題」に保存し、閉じておきましょう。

総合問題8

あなたは、旅行代理店で企画を担当しており、旅行先の現地情報をまとめることになりました。
アクセシビリティに配慮して、資料を作成します。
完成図のような表とグラフを作成しましょう。

●完成図

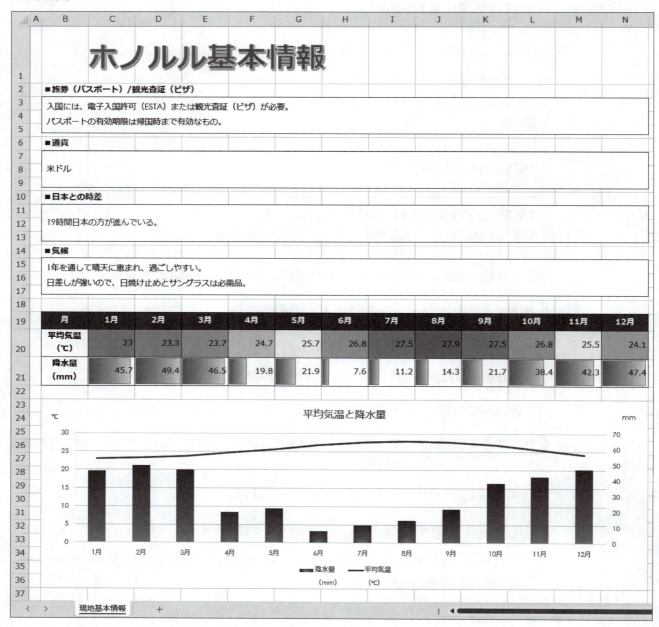

① ブックにテーマ「イオンボードルーム」を適用しましょう。

② セル範囲【B19:N21】をもとに、集合縦棒と折れ線の複合グラフを作成しましょう。「平均気温」は折れ線グラフで表示し、「降水量」は第2軸を使って集合縦棒グラフで表示します。

③ 完成図を参考に、グラフをセル範囲【B23:N36】に配置しましょう。

④ グラフの第2軸の最大値を「70」に設定しましょう。

⑤ 主軸と第2軸に軸ラベルを表示し、それぞれ「℃」「mm」と入力しましょう。

⑥ 主軸と第2軸の軸ラベルの文字列の方向を左に90度回転し、完成図を参考に位置を調整しましょう。

⑦ グラフタイトルに、「平均気温と降水量」と入力しましょう。

⑧ グラフの降水量の縦棒の塗りつぶしを、既定のグラデーションの「下スポットライト-アクセント6」に設定しましょう。

⑨ ワードアートのスタイルを「塗りつぶし：ラベンダー、アクセントカラー5；輪郭：白、背景色1；影（ぼかしなし）：ラベンダー、アクセントカラー5」に変更しましょう。

(HINT) ワードアートのスタイルを変更するには、《図形の書式》タブ→《ワードアートのスタイル》グループを使います。

⑩ セル範囲【C20:N20】の「平均気温」を「赤、白、緑のカラースケール」で表示しましょう。次に、セル範囲【C21:N21】の「降水量」をグラデーションの「青のデータバー」で表示しましょう。

⑪ ブックのアクセシビリティをチェックしましょう。
読み取りにくいテキストのフォントの色を「濃い紫、テキスト2」に修正し、グラフに代替テキスト「気候のグラフ」を設定しましょう。

※ブックに「総合問題8完成」と名前を付けて、フォルダー「総合問題」に保存し、閉じておきましょう。

あなたは、アパレルショップの会員情報の管理を担当しており、クーポンやダイレクトメールを出すための準備をすることになりました。
完成図のような表を作成しましょう。

※本書では、本日の日付を「2025年4月1日」にしています。
※アクティブシートを切り替えて、各シートの内容を確認しておきましょう。

●完成図

① シート「**会員名簿**」に、フォルダー「**総合問題**」にあるCSVファイル「**会員名簿.csv**」のデータをインポートしましょう。シート「**会員名簿**」のセル【**B3**】を開始位置として、テーブルとしてインポートします。CSVファイルの先頭行がテーブルの見出しになるようにします。

② 「**前年累計購入金額**」と「**本年累計購入金額**」のデータに桁区切りスタイルを設定しましょう。

③ 「**前年比**」のデータにパーセントスタイルを設定しましょう。

④ セル【**I1**】に、本日の日付を表示する数式を入力しましょう。

⑤ 「**生年月日**」の右側に、「**年齢**」フィールドを作成しましょう。フィールド名に「**年齢**」と入力し、セル【**G4**】に「**年齢**」を表示する数式を入力しましょう。「**年齢**」は「**生年月日**」から本日までの満年齢を求め、表示形式を標準に設定します。

⑥ 「**前年比**」の右側に、「**会員ランク**」フィールドを作成しましょう。フィールド名に「**ランク**」と入力し、セル【**K4**】に、セル【**I4**】の「**本年累計購入金額**」に対応する「**ランク**」を表示する数式を入力しましょう。シート「**会員ランク**」の表を参照します。

⑦ 「**前年比**」にアイコンセット「**3つの矢印（色分け）**」を設定しましょう。120％以上が緑の上矢印、100％以上が黄色の横矢印、100％未満は赤の下矢印が表示されるようにルールを編集します。

HINT アイコンセットのルールを編集するには、《ホーム》タブ→《スタイル》グループの《条件付き書式》→《ルールの管理》を使います。

※ブックに「総合問題9完成」と名前を付けて、フォルダー「総合問題」に保存し、閉じておきましょう。

総合問題10

OPEN 総合問題10

あなたは、アパレルショップの会員情報の管理を担当しています。作業を効率化するため、ボタンを押すだけで必要な並べ替えができるようにします。
完成図のようなマクロを作成しましょう。

※本書では、本日の日付を「2025年4月1日」にしています。
※アクティブシートを切り替えて、各シートの内容を確認しておきましょう。

● 完成図

会員No.	氏名	郵便番号	住所	電話番号	生年月日	年齢	累計購入金額	ランク
20001	青木 紗江	150-0013	東京都渋谷区恵比寿4-6-X	03-3554-XXXX	1991/3/18	34	78,000	レギュラー
20002	斉藤 順子	160-0023	東京都新宿区西新宿2-5-X	03-5635-XXXX	1989/7/21	35	76,000	レギュラー
20003	大木 さやか	231-0868	神奈川県横浜市中区石川町6-4-X	045-213-XXXX	1998/4/30	26	45,000	レギュラー
20004	景山 純	222-0022	神奈川県横浜市港北区篠原東1-8-X	045-331-XXXX	2000/1/5	25	28,000	レギュラー
20005	吉岡 マリ	100-0005	東京都千代田区丸の内6-2-X	03-3311-XXXX	1993/8/11	31	178,000	レギュラー
20006	北村 葉子	231-0027	神奈川県横浜市中区扇町1-2-X	045-355-XXXX	1990/7/22	34	208,000	シルバー
20007	桜田 悠子	231-0062	神奈川県横浜市中区桜木町1-4-X	045-254-XXXX	1964/11/18	60	547,000	ゴールド
20008	高木 彩加	107-0062	東京都港区南青山2-4-X	03-5487-XXXX	1999/4/26	25	37,000	レギュラー
20009	遠藤 ミレ	160-0004	東京都新宿区四谷3-4-X	03-3355-XXXX	1988/7/18	36	38,000	レギュラー

会員名簿　　2025/4/1 現在
「会員No.」で並べ替え　「氏名」で並べ替え　「累計購入金額」で並べ替え

① 図形「**正方形/長方形**」を作成し、完成図を参考に位置とサイズを調整しましょう。

② 図形内に「**「会員No.」で並べ替え**」という文字列を追加しましょう。

③ 図形内の文字列を上下および左右の中央揃えにしましょう。

④ 完成図を参考に、①で作成した図形を2つコピーしましょう。

⑤ 完成図を参考に、コピーした図形の文字列を次のように変更しましょう。

「氏名」で並べ替え
「累計購入金額」で並べ替え

⑥ 「**会員No.**」を昇順で並べ替えるマクロ「**NUMBER**」を作成しましょう。

⑦ 「**氏名**」を昇順で並べ替えるマクロ「**NAME**」を作成しましょう。

⑧ 「**累計購入金額**」を降順で並べ替えるマクロ「**PRICE**」を作成しましょう。

⑨ 作成したマクロを、次のようにそれぞれの図形に登録しましょう。

マクロ「NUMBER」：図形「「会員No.」で並べ替え」
マクロ「NAME」　：図形「「氏名」で並べ替え」
マクロ「PRICE」　：図形「「累計購入金額」で並べ替え」

⑩ マクロを「**NAME**」「**PRICE**」「**NUMBER**」の順で実行しましょう。

⑪ ブックに「**総合問題10完成**」と名前を付けて、Excelマクロ有効ブックとしてフォルダー「**総合問題**」に保存しましょう。

※ブックを閉じておきましょう。

実践問題

実践問題をはじめる前に	268
実践問題1	269
実践問題2	270

実践問題をはじめる前に

本書の学習の仕上げに、実践問題にチャレンジしてみましょう。
実践問題は、ビジネスシーンにおける上司や先輩からの指示・アドバイスをもとに、求められる結果を導き出すためのExcelの操作方法を自ら考えて解く問題です。
次の流れを参考に、自分に合ったやり方で、実践問題に挑戦してみましょう。

1 状況や指示・アドバイスを把握する

まずは、ビジネスシーンの状況と、上司や先輩からの指示・アドバイスを確認しましょう。

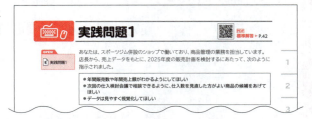

2 条件を確認する

問題文だけでは判断しにくい内容や、補足する内容を「条件」として記載しています。この条件に従って、操作をはじめましょう。
完成例と同じに仕上げる必要はありません。自分で最適と思える方法で操作してみましょう。

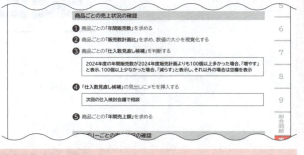

3 完成例・アドバイス・操作手順を確認する

最後に、標準解答で、完成例とアドバイスを確認しましょう。アドバイスには、完成例のとおりに作成する場合の効率的な操作方法や、操作するときに気を付けたい点などを記載しています。
自力で操作できなかった部分は、操作手順もしっかり確認しましょう。
※標準解答は、FOM出版のホームページで提供しています。P.5「5 学習ファイルと標準解答のご提供について」を参照してください。

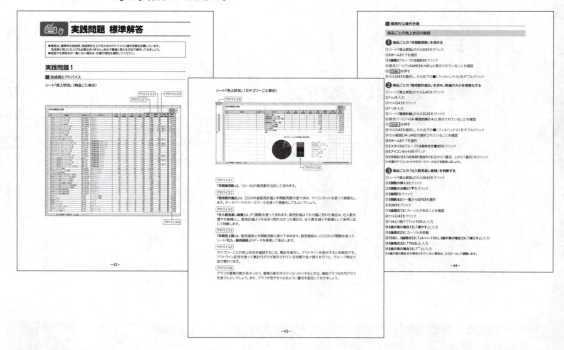

実践問題1

PDF 標準解答 ▶ P.42

OPEN
実践問題1

あなたは、スポーツジム併設のショップで働いており、商品管理の業務を担当しています。店長から、売上データをもとに、2025年度の販売計画を検討するにあたって、次のように指示されました。

- 年間販売数や年間売上額がわかるようにしてほしい
- 次回の仕入検討会議で相談できるように、仕入数を見直した方がよい商品の候補をあげてほしい
- データは見やすく視覚化してほしい

そこで、あなたは、販売計画策定の材料として2024年度の1年間の売上状況を、商品ごとの販売数や売上額の観点と、カテゴリーごとの販売数や売上額の観点で確認することにしました。売上状況のデータは、1年間を「1Q」～「4Q」の4つの四半期に分けた期ごとに入力されています。
次の条件に従って、操作してみましょう。

【条件】

商品ごとの売上状況の確認

❶ 商品ごとの「**年間販売数**」を求める

❷ 商品ごとの「**販売数計画比**」を求め、数値の大小を視覚化する

❸ 商品ごとの「**仕入数見直し候補**」を判断する

> 2024年度の年間販売数が2024年度販売計画よりも100個以上多かった場合、「増やす」と表示、100個以上少なかった場合、「減らす」と表示し、それ以外の場合は空欄を表示

❹ 「**仕入数見直し候補**」の見出しにメモを挿入する

> 次回の仕入検討会議で相談

❺ 商品ごとの「**年間売上額**」を求める

カテゴリーごとの売上状況の確認

❻ カテゴリーごとに「**年間販売数**」と「**年間売上額**」を集計する

❼ カテゴリーごとの「**年間売上額**」の割合がわかるグラフを作成する

❽ グラフが見やすくなるように、タイトルや書式を設定する

※ブックに「実践問題1完成」と名前を付けて、フォルダー「実践問題」に保存し、閉じておきましょう。

269

実践問題2

あなたは、音響機器メーカーのマーケティング部に所属しており、動画プロモーションの担当をしています。
これまでに公開した動画の効果についてまとめていたところ、上司から、次の点がわかるように報告をしてほしいと依頼されました。

- 各動画視聴後のチャンネル登録数と、Webストア購入者数を確認したい
- 動画のカテゴリーごとに結果を確認したい
- 対象は2023年以降に公開した動画とする

そこで、あなたは、公開動画一覧表をまとめ、上司に報告するための資料として分析結果のグラフを作成することにしました。
次の条件に従って、操作してみましょう。

【条件】

公開動画一覧表の作成

❶ 動画を公開してから資料記載の日付までの月数を求める

❷ 動画の再生数ランキングを求める

分析結果グラフの作成

❸ ピボットテーブルを使って、各動画視聴後のチャンネル登録数のデータを集計する

❹ 公開年を絞り込む

❺ 各動画視聴後のチャンネル登録数のピボットグラフを作成する

❻ 各動画視聴後のWebストア購入者数のピボットグラフを作成する

HINT 別のピボットグラフを作成するには、もとにするピボットテーブルも別に用意します。

※ブックに「実践問題2完成」と名前を付けて、フォルダー「実践問題」に保存し、閉じておきましょう。

索引

INDEX 索引

記号

#CALC!	40
#DIV/0!	40
#N/A	40,41
#NAME?	40
#NULL!	40
#NUM!	40
#VALUE!	40
#スピル!	40,49

A

AND関数	24
AVERAGEIFS関数	33,34
AVERAGEIF関数	30

C

COUNTIFS関数	33
COUNTIF関数	28

D

DATEDIF関数	36

E

Excelブック	209
Excelマクロ有効ブック	209

F

FILTER関数	53

H

HLOOKUP関数	42

I

IFS関数	25
IF関数	21,41

M

MAXIFS関数	33,34
MINIFS関数	33,34

O

OR関数	24

P

PDFファイル	193
PDFファイルのインポート	193

R

RANK.AVG関数	20
RANK.EQ関数	17,20
ROUNDDOWN関数	15
ROUNDUP関数	15,16
ROUND関数	14

S

SmartArtグラフィック	124
SmartArtグラフィック内の図形のサイズ変更	126
SmartArtグラフィックの移動	126
SmartArtグラフィックの色	131
SmartArtグラフィックのサイズ変更	126
SmartArtグラフィックの削除	125
SmartArtグラフィックの作成	124
SmartArtグラフィックの書式設定	132
SmartArtグラフィックのスタイル	131
SmartArtグラフィックのリセット	133
SmartArtグラフィックのレイアウト	125
SORTBY関数	52
SORT関数	50

SUBTOTAL関数 ………………………… 187	移動 (SmartArtグラフィック) ………………… 126
SUMIFS関数 …………………………… 33	移動 (アクティブセル) ………………………… 229
SUMIF関数 ……………………………… 32	移動 (図形) …………………………………… 138
SWITCH関数 …………………………… 27	色枠の利用 …………………………………… 93
	インポート ………………………………… 190,193

T

TODAY関数 ……………………………………… 35
TRUEの指定 (VLOOKUP関数) ………………… 42

う

ウィンドウの整列 …………………………………… 235

V

VBA (Visual Basic for Applications) ……… 203
VLOOKUP関数 ………………………………… 38,41

え

エラー値 ………………………………………… 40
エラーチェック ………………………………… 40
エラーメッセージ ……………………………… 79
エラーメッセージのスタイル ………………… 80
エリアの見出し名の変更 ……………………… 166

X

XLOOKUP関数 ………………………………… 43
XLOOKUP関数の利点 ………………………… 46
XMLファイル …………………………………… 193
XMLファイルのインポート …………………… 193

お

おすすめピボットテーブル …………………… 155
折れ線スパークライン ………………………… 113
オンラインテンプレート ……………………… 245

あ

アイコン ………………………………………… 146
アイコンセット ……………………………… 60,68
アイコンセットのルールの編集 ……………… 68
アイコンの挿入 ………………………………… 146
アウトライン …………………………………… 188
アウトライン記号 ……………………………… 188
アウトライン形式 ……………………………… 166
アウトラインの操作 …………………………… 188
アクセシビリティ ……………………………… 219
《アクセシビリティ》作業ウィンドウ ………… 221
《アクセシビリティ》タブ ……………………… 222
アクセシビリティチェック …………………… 219
アクティブウィンドウ ………………………… 234
アクティブセルの移動 ………………………… 229
値エリア …………………………………… 153,170
値エリアの集計方法 …………………………… 155
値軸の書式設定 ………………………………… 102

か

解除 (シートの保護) …………………………… 229
解除 (セルのロック) …………………………… 227
解除 (テーマ) …………………………………… 122
解除 (パスワード) ……………………………… 226
回転 ……………………………………………… 139
《開発》タブ …………………………………… 199
書き込みパスワード …………………………… 226
可視セル ………………………………………… 189
箇条書きの入力 (SmartArtグラフィック) …… 127
画像 ……………………………………………… 145
画像の挿入 ……………………………………… 145
画像の編集 ……………………………………… 145
画像へのマクロの登録 ………………………… 208
カラースケール …………………………… 60,69
関数 ……………………………………………… 13
関数の直接入力 ………………………………… 15
関数の入力 (スピル) …………………………… 49
関数の入力方法 ………………………………… 13
関数のネスト …………………………………… 41

い

一部の文字列の書式設定 ……………………… 133
一致モードの指定 (XLOOKUP関数) ………… 46

き

既定のレイアウトの編集	166
強制改行	130
行ラベルエリア	153
行ラベルエリアのフィルター	161
切り上げ	15,16
切り替え（ブック）	234
切り捨て	15

く

クイック分析	239,240
空白セルに値を表示	158
グラデーション	100
グラフ（クイック分析）	239,241
グラフの作成	88,89,104,106,107
グラフの種類の変更	90
グラフのもとになる範囲の変更	92
グラフ要素の作業ウィンドウ	99
グラフ要素の書式設定	98,110
グラフ要素の選択	99
グラフ要素の表示	94,109
グラフ要素のリセット	102
クリア（入力規則）	80
クリア（フィルター）	177
クリア（ルール）	66
グループ化（スパークライン）	116
グループ化（ピボットテーブル）	156
グループ解除（スパークライン）	116

け

計算の種類	164

こ

合計	239
更新（詳細データ）	167
更新（接続）	193
更新（ピボットテーブル）	159
構成要素（ピボットグラフ）	170
構成要素（ピボットテーブル）	153
ゴースト	49
異なるブックのセル参照	236
コメント	81,83

コメントの挿入	81
コメントの表示	83
コンテンツの有効化	210
コンパクト形式	166

さ

最終版として保存	224
最終版のブックの編集	224
サイズ変更（SmartArtグラフィック）	126
サイズ変更（図形）	138
削除（SmartArtグラフィック）	125
削除（集計行）	187
削除（スパークライン）	114
削除（スライサー）	175
削除（接続）	193
削除（タイムライン）	177
削除（テンプレート）	245
削除（フィールド）	162,172
削除（マクロ）	205
削除（メモ）	83
作成（SmartArtグラフィック）	124
作成（図形）	134,135
作成（スパークライン）	113,114
作成（テキストボックス）	141
作成（ピボットグラフ）	170,171
作成（ピボットテーブル）	152,153
作成（複合グラフ）	88,89
作成（補助縦棒付き円グラフ）	104,106
作成（ボタン）	207
作成（マクロ）	199,200,204
参照（セル）	143

し

シートの選択	169
シートの保護	227,228
シートの保護の解除	229
軸（分類項目）エリア	170
四捨五入	14
実行（マクロ）	206,208
絞り込み（ピボットグラフ）	173
絞り込みの解除（ピボットグラフ）	173
集計	182,183,185
集計行の削除	187
集計行の数式	187

集計行の追加	186
集計方法の変更	163
主軸	90
主要プロット	108
順位	17
上位/下位ルール	60,66
条件一致	28
条件付き書式	60
条件判断	21
詳細データの更新	167
詳細データの表示	167
小数点以下の処理	16
勝敗スパークライン	113
ショートカットキー	201
書式設定（SmartArtグラフィック）	132
書式設定（値軸）	102
書式設定（クイック分析）	239
書式設定（グラフ要素）	98,110
書式設定（図形）	139
書式設定（テキストボックス）	144
シリアル値	37

す

数式の削除	49
数式の編集	49
数値に文字列を付けて表示	73
数値の先頭に0を表示	72
数値の表示形式	71
図形	134
図形内の文字列の編集	137
図形の移動	138
図形の回転	139
図形のサイズ変更	138
図形の削除（SmartArtグラフィック）	130
図形の作成	134,135
図形の書式設定	139
図形のスタイル	136
図形の選択	137
図形の追加（SmartArtグラフィック）	128
図形へのマクロの登録	208
図形への文字列の追加	137
スケッチスタイル	140
スタイル（SmartArtグラフィック）	131
スタイル（図形）	136
スタイル（スパークライン）	117

スタイル（スライサー）	175
スタイル（タイムライン）	177
スタイル（ピボットテーブル）	165
スパークライン	113,239
スパークラインスタイル	117
スパークラインの色	117
スパークラインの強調	116
スパークラインのグループ化	116
スパークラインのグループ解除	116
スパークラインの削除	114
スパークラインの作成	113,114
スパークラインの軸の最小値	115
スパークラインの軸の最大値	115
スパークラインの種類の変更	114
スピル	47
スピルのエラー	49
スピルの数式の削除	49
スピルの数式の編集	49
スピル範囲	49
スピル利用時の注意点	49
スライサー	174
スライサーの削除	175
スライサーのスタイル	175

せ

セキュリティの許可	211
《セキュリティの警告》メッセージバー	210
《セキュリティリスク》メッセージバー	211
接続の更新	193
接続の削除	193
絶対参照	19
セル参照	143,236
セルの値を参照する数式	237
セルの強調表示ルール	60,61
セルの合計	32
セルの個数	28
セルの平均	30
セルのロック解除	227
セル範囲の変更（グラフ）	92
選択対象のレベル上げ	128,129
選択対象のレベル下げ	129
選択範囲内で中央	223
線の設定（グラフ）	98

275

そ

装飾としてマークする·····················222
装飾用にする·····························222
挿入（アイコン）·························146
挿入（画像）·····························145
挿入（メモ）······························82
挿入（ワードアート）·····················146

た

第2軸···································90
第2軸の設定·····························90
ダイアログボックスの縮小·················20
代替テキスト·····························222
タイムライン····························176
タイムラインの削除······················177
タイムラインのスタイル···················177
縦棒スパークライン······················113

ち

抽出································53,167
調整ハンドル····························138

つ

追加（集計行）··························186
追加（フィールド）·······················162
追加（レポートフィルター）·················160

て

データ系列の順番の変更····················95
データテーブル···························94
データテーブルの非表示····················94
データのインポート······················190
データの更新（異なるブックのセル参照）·······238
データの更新（ピボットテーブル）···········159
データの参照····························38
データの絞り込み························173
データの集計····························182
データバー·························60,69,240
データベース用の表······················182
データラベル····························109
データラベルの非表示····················109

て

テーブル···························192,239
テーブルの並べ替え······················192
テーマ·································122
テーマの解除···························122
テーマの構成···························123
テキストウィンドウ·············125,127,128,130
テキストウィンドウの非表示···············125
テキストウィンドウの表示·················125
テキストファイルのインポート·············190
テキストボックス························141
テキストボックス内の文字列の編集··········142
テキストボックスの作成··················141
テキストボックスの書式設定···············144
テキストボックスの選択··················142
テンプレート···························243
テンプレートとして保存··················243
テンプレートの削除······················245
テンプレートの保存先····················244
テンプレートの利用······················244

と

ドキュメント検査························217

な

並べ替え·················50,52,106,167,183,192
並べて表示·····························235

に

日本語入力システムの切り替え·············76
入力規則·······························75
入力規則設定時の注意点··················78
入力規則のクリア························80

は

ハイコントラストのみ····················223
パスワード··························225,226
パスワードの解除························226
パスワードの種類························226
パスワードの設定························229
パスワードを使用して暗号化···············225
凡例（系列）エリア······················170

ひ

比較演算子	23
引数	13
引数の文字列	23
日付の計算	35
日付の差	36
日付の処理	37
日付の表示形式	71
ピボットグラフ	170
ピボットグラフの構成要素	170
ピボットグラフの作成	170,171
ピボットグラフの編集	172
ピボットテーブル	152
ピボットテーブルスタイル	165
ピボットテーブルの構成要素	153
ピボットテーブルの作成	152,153
《ピボットテーブルのフィールド》作業ウィンドウ	155
ピボットテーブルの編集	160
ピボットテーブルのレイアウト	166
表形式	166
表示形式	70
表示形式 (数値)	71
表示形式 (日付)	71
表示形式 (ピボットテーブル)	158
表示形式 (文字列)	71
表示形式 (ユーザー定義)	70,71
表示形式の設定 (グラフ)	111
表示形式の設定 (ピボットテーブル)	157
開く (複数のブック)	233
開く (マクロを含むブック)	210

ふ

フィールド	182
フィールドの入れ替え	161
フィールドの折りたたみ	162
フィールドのグループ化	156
フィールドの削除	162,172
フィールドの詳細表示	156
フィールドの追加	162
フィールドの展開	162
フィールドの変更	161,172
フィールドボタン	170
フィールド名	182
フィルターのクリア	177

複合グラフ	88
複合グラフを作成できるグラフの種類	88
複合グラフの作成	88,89
複数の条件に一致する値を計算	33
複数のブックを開く	233
複数ブックの選択	234
ブック間の集計	233,236
ブックの切り替え	234
ブックの作成	245
ブックのパスワードの解除	226
ブックのプロパティ	216
ブックの保護	229
プロパティ	216
分岐点	100

ほ

保護 (シート)	227,228
保護 (ブック)	229
補助円グラフ付き円グラフ	104
補助グラフ付き円グラフ	104
補助グラフの設定	108
補助縦棒付き円グラフ	104
補助縦棒付き円グラフの作成	104,106
補助プロット	108
保存 (最終版)	224
保存 (テンプレート)	243
保存 (マクロ有効ブック)	209
ボタン	207
ボタンの作成	207
ボタンの選択	208
本日の日付	35

ま

マーカーの色 (スパークライン)	117
マーカーの設定 (グラフ)	98
マクロ	198
マクロの記録	202,204
マクロの記録開始	200,204
マクロの記録終了	203,205
《マクロの記録》ボタン	210
マクロの削除	205
マクロの作成	199,200,204
マクロの作成手順	198
マクロの実行	206,208

索 引

マクロの設定 ………………………………… 211
マクロの登録 ………………………………… 208
マクロの表示 ………………………………… 206
マクロの保存先 ……………………………… 202
マクロ名 ……………………………………… 201
マクロ有効ブックとして保存 ……………… 209
マクロを含むブックを開く ………………… 210

み

見つからない場合の指定 (XLOOKUP関数) ………… 45

め

メモ …………………………………………… 81
メモの削除 …………………………………… 83
メモの挿入 ………………………………… 81,82
メモの編集 …………………………………… 83

も

文字列の強制改行 …………………………… 130
文字列の追加 (SmartArtグラフィック) …… 127
文字列の追加 (図形) ………………………… 137
文字列の表示形式 …………………………… 71
文字列の編集 (図形) ………………………… 137
文字列の編集 (テキストボックス) ………… 142

ゆ

ユーザー設定リスト ………………………… 184
ユーザー定義の表示形式 ………………… 70,71

よ

曜日の表示 …………………………………… 74
読み取りパスワード ………………………… 226

ら

ラベル内容の設定 …………………………… 110

り

リストから選択 ……………………………… 78
リセット (SmartArtグラフィック) ………… 133

リセット (グラフ要素) ……………………… 102
リセット (軸の最小値) ……………………… 103
リセット (軸の最大値) ……………………… 103

る

ルール ………………………………………… 60
ルールの管理 ………………………………… 64
ルールのクリア ……………………………… 66
ルールの編集 ………………………………… 68

れ

レイアウト (SmartArtグラフィック) ……… 125
レイアウト (ピボットテーブル) …………… 166
レコード ……………………………………… 182
列見出し ……………………………………… 182
列ラベルエリア ……………………………… 153
列ラベルエリアのフィルター ……………… 161
レポートフィルターエリア ……………… 153,170
レポートフィルターの追加 ………………… 160
レポートフィルターページの表示 ………… 168

わ

ワードアート ………………………………… 146
ワードアートの挿入 ………………………… 146
ワイルドカード文字 ………………………… 29

おわりに

最後まで学習を進めていただき、ありがとうございました。Excelの学習はいかがでしたか？いろいろな関数を使った計算や、表の視覚化、グラフィック機能を使った資料作成、複合グラフやピボットテーブル・ピボットグラフの作成、マクロの作成など、日々の業務を効率化するExcelの機能をご紹介しました。

「なるほど！この関数を使えば、あっという間に処理ができる」「大量の売上データを分析して、業績アップのヒントを見つけられるかも！」など、学習の中に新しい発見があったら、うれしいです。

もし、難しいなと思った部分があったら、練習問題や総合問題を活用して、学習内容を振り返ってみてください。繰り返すことでより理解が深まります。さらに、実践問題に取り組めば、最適な操作や資料のまとめ方を自ら考えることで、すぐに実務に役立つ力が身に付くことでしょう。

本書での学習を終了された方には、「よくわかる」シリーズの次の書籍をおすすめします。「よくわかる Word 2024基礎」「よくわかる Word 2024応用」では、案内文やチラシの作成、差し込み印刷、マニュアルやレポートなどの長文の作成などを学習します。Excelとは違った発見があるはずです。Let's Challenge！！

FOM出版

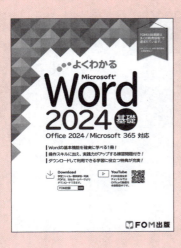

FOM出版テキスト 最新情報のご案内

FOM出版では、お客様の利用シーンに合わせて、最適なテキストをご提供するために、様々なシリーズをご用意しています。

FOM出版　検索

https://www.fom.fujitsu.com/goods/

FAQのご案内 ［テキストに関するよくあるご質問］

FOM出版テキストのお客様Q＆A窓口に皆様から多く寄せられたご質問に回答を付けて掲載しています。

FOM出版　FAQ　検索

https://www.fom.fujitsu.com/goods/faq/

よくわかる
Microsoft® Excel® 2024 応用
Office 2024／Microsoft 365 対応
（FPT2415）

2025年 3 月24日　初版発行

著作／制作：株式会社富士通ラーニングメディア

発行者：佐竹　秀彦

発行所：FOM出版（株式会社富士通ラーニングメディア）
　　　　〒212-0014 神奈川県川崎市幸区大宮町 1 番地 5　JR川崎タワー
　　　　https://www.fom.fujitsu.com/goods/

印刷／製本：株式会社サンヨー

- 本書は、構成・文章・プログラム・画像・データなどのすべてにおいて、著作権法上の保護を受けています。
  本書の一部あるいは全部について、いかなる方法においても複写・複製など、著作権法上で規定された権利を侵害する行為を行うことは禁じられています。
- 本書に関するご質問は、ホームページまたはメールにてお寄せください。
  <ホームページ>
  上記ホームページ内の「FOM出版」から「QAサポート」にアクセスし、「QAフォームのご案内」からQAフォームを選択して、必要事項をご記入の上、送信してください。
  <メール>
  FOM-shuppan-QA@cs.jp.fujitsu.com
  なお、次の点に関しては、あらかじめご了承ください。
  ・ご質問の内容によっては、回答に日数を要する場合があります。
  ・本書の範囲を超えるご質問にはお答えできません。　・電話やFAXによるご質問には一切応じておりません。
- 本製品に起因してご使用者に直接または間接的損害が生じても、株式会社富士通ラーニングメディアはいかなる責任も負わないものとし、一切の賠償などは行わないものとします。
- 本書に記載された内容などは、予告なく変更される場合があります。
- 落丁・乱丁はお取り替えいたします。

©2025 Fujitsu Learning Media Limited
Printed in Japan
ISBN978-4-86775-143-5